CONTENTS

SHマイコン
アーカイブス シリーズ
[1700頁収録CD-ROM付き]

- ■ **付属CD-ROMの使い方** ……………………………………… 2
- ■ **CD-ROM収録記事一覧** ……………………………………… 4
- ■ **基礎知識** ……………………………………………………… 執筆：圓山宗智
  - SH誕生までの汗と涙の物語とその後の発展
  - **第1章 SHマイコンの歴史** ………………………………… 10
  - SHアーキテクチャのさまざまな工夫
  - **第2章 SHマイコンの特徴** ………………………………… 24
  - SHの幅広い展開品を眺めてみよう
  - **第3章 SHマイコンの現在** ………………………………… 34
- ■ **記事ダイジェスト** …………………………………………… 執筆：圓山宗智
  - SHのCPUアーキテクチャと歴史
  - **第4章 SHマイコンファミリ全般** ………………………… 47
  - 組み込み向けマイクロコントローラSH-2の詳細とその応用
  - **第5章 SH-2ファミリ** ……………………………………… 50
  - Interface 2006年6月号付属基板とその応用
  - **第6章 SH-2（SH7144F）基板** …………………………… 58
  - 超高性能スーパスカラ・コントローラSH-2Aの詳細とその応用
  - **第7章 SH-2Aファミリ** …………………………………… 68
  - OS対応のプロセッサとその応用
  - **第8章 SH-3ファミリ** ……………………………………… 78
  - スーパスカラ・プロセッサの詳細とその応用
  - **第9章 SH-4ファミリ** ……………………………………… 82
  - マルチコア対応高性能スーパスカラ・プロセッサの詳細とその応用
  - **第10章 SH-4Aファミリ** …………………………………… 90
  - SHマイコン用Linuxおよび各種OSの基礎
  - **第11章 OS活用** …………………………………………… 94

付属CD-ROMの使い方

本書には，記事PDFを収録したCD-ROMを付属しています．

● ご利用方法

本CD-ROMは，自動起動しません．WindowsのExplorerでCD-ROMドライブを開いてください．

CD-ROMに収録されているindex.htmファイルを，Webブラウザで表示してください．記事一覧のメニュー画面が表示されます（図1）．

記事タイトルをクリックすると，記事が表示されます．Webブラウザ内で記事が表示された場合，メニューに戻るときにはWebブラウザの戻るボタンをクリックしてください．

各記事のPDFファイルは，sh_pdfフォルダに収録されています．所望のPDFファイルをPDF閲覧ソフトウェアで直接開くこともできます．

本CD-ROMに収録されているPDFの全文検索ができます．検索するには，CD-ROM内のsh_search.pdxをダブルクリックします．Adobe Readerが起動し，検索ウインドウが開くので，検索したい用語を入力します．結果の一覧から表示したい記事を選択します（図2）．

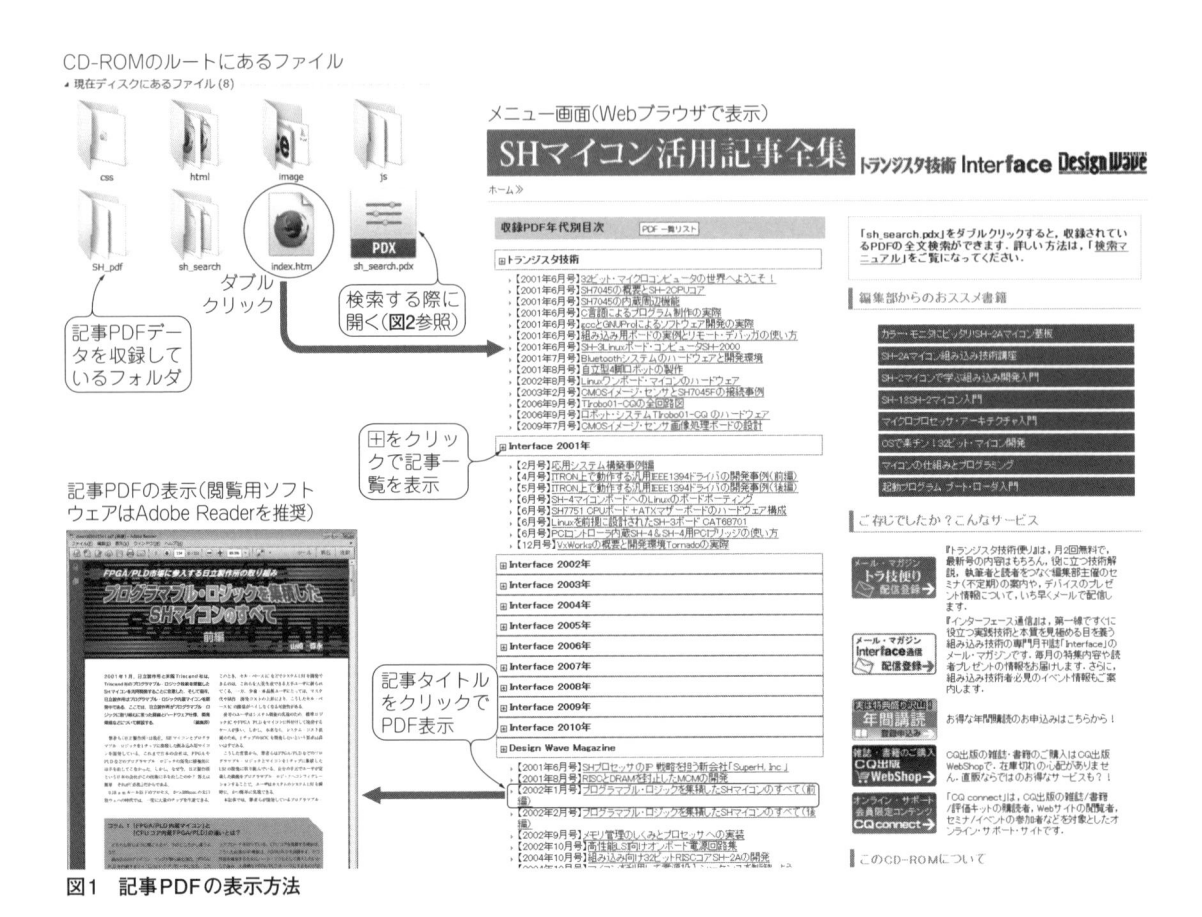

図1 記事PDFの表示方法

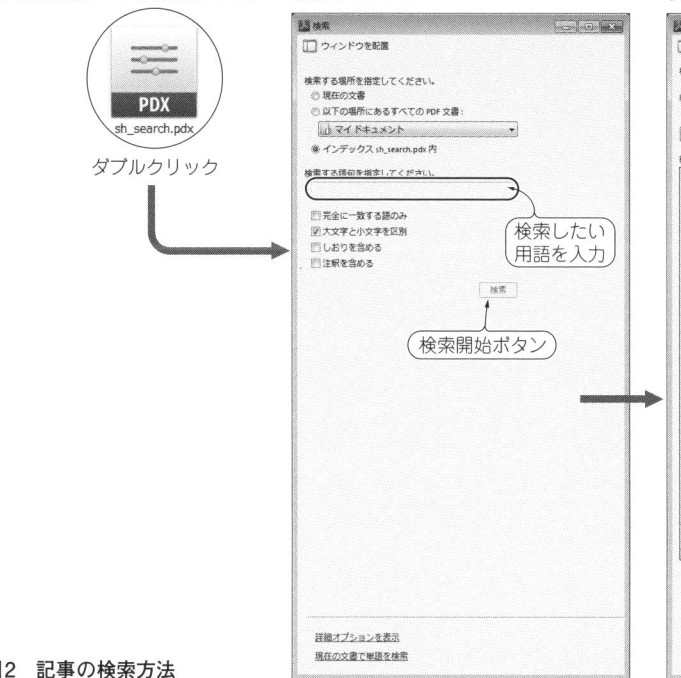

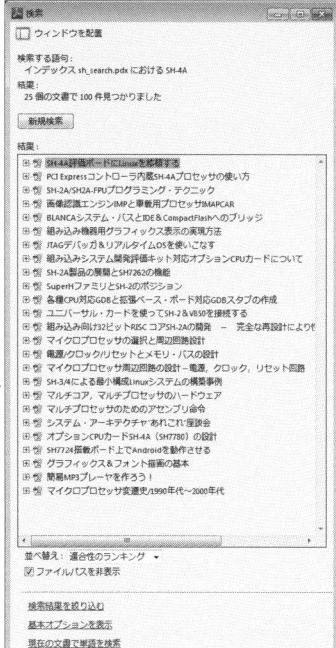

CD-ROMのルートにあるファイル　　検索ウィンドウ　　　　　　　　　　検索結果の表示

PDX
sh_search.pdx
ダブルクリック

検索したい用語を入力

検索開始ボタン

図2　記事の検索方法

●**利用に当たってのご注意**
（1）CD-ROMに収録のPDFファイルを利用するためには，PDF閲覧用のソフトウェアが必要です．PDF閲覧用のソフトウェアは，Adobe社のAdobe Reader最新版のご利用を推奨します．Adobe Readerの最新版は，Adobe社のWebサイトからダウンロードできます．

　Adobe社のWebサイト　http://www.adobe.com/jp/

（2）ご利用のパソコンやWebブラウザの環境（バージョンや設定など）によっては，メニュー画面の表示が崩れたり，期待通りに動作しない可能性があります．その際は，PDFファイルをPDF閲覧ソフトウェアで直接開いてください．各記事のPDFファイルは，CD-ROMのsh_pdfフォルダに収録されています．なお，メニュー画面は，Windows 7のInternet Explorer 10，Firefox 26，Chrome 32，Opera 18による動作を確認しています．

（3）メニュー画面の中には，一部Webサイトへのリンクが含まれています．Webサイトをアクセスする際には，インターネット接続環境が必要になります．インターネット接続環境がなくても記事PDFファイルの表示は可能です．

●**PDFファイルの表示・印刷に関するご注意**
（1）ご利用のシステムにインストールされているフォントの種類によって，文字の表示イメージは雑誌掲載時と異なります．また，一部の文字（人名用漢字，中国文字など）は正しく表示されない場合があります．

（2）雑誌では回路図などの図面に特殊なフォントを使用していますので，一部の文字（例えば欧文のIなど）のサイズがほかとそろわない場合があります．

（3）雑誌ではプログラム・リストやCAD出力の回路図などの一部をスキャナによる画像取り込みで掲載している場合があります．PDFでは，それらの表示・印刷は細部が見にくくなる部分があります．

（4）PDF化に際して，発行時点で確認された誤植や印刷ミスを修正してあります．そのため，行数の増減などにより，印刷紙面と本文・図表などの位置が変更されている部分があります．

（5）Webブラウザなど，ほかのアプリケーションの中で表示するような場合，Adobe Reader以外のPDF閲覧ソフトウェア（表示機能）が動作している場合があります．Adobe Reader以外のPDF閲覧ソフトウェアでは正しく表示されないことが考えられます．Webブラウザ内で正しく表示されない場合は，Adobe Readerで直接表示してみてください．

（6）古いバージョンのPDF閲覧ソフトウェアでは正しく表示されないことが考えられます．Windows 7のAdobe Reader 11による表示を確認しています．

●**本書付属CD-ROMについてのご注意**
　本書付属のCD-ROMに収録されたプログラムやデータなどは，著作権法により保護されています．従って，特別な表記のない限り，付属CD-ROMを貸与または改変，個人で使用する場合を除き，複写・複製（コピー）はできません．また，付属CD-ROMに収録したプログラムやデータなどを利用することにより発生した損害などに関して，CQ出版社および著作権者は責任を負いかねますのでご了承ください．

CD-ROM収録記事一覧

本書付属CD-ROMには，Interface，トランジスタ技術，Design Wave Magazine 2001年1月号から2010年12月号までに掲載されたSHマイコンに関する記事のPDFファイルが収録されています．ただし，著作権者の許可を得られなかった記事や，SHマイコンの話題が含まれていても説明がほとんどない記事，今後の企画で収録予定の記事などは収録されていません．

本書付属CD-ROMに収録の記事は以下の通りです．収録記事の大部分については，第4章以降で，テーマごとに分類して概要を紹介しています．

■トランジスタ技術

掲載号	タイトル	シリーズ	ページ	PDFファイル名
2001年 6月号	H8からSuperHへ **32ビット・マイクロコンピュータの世界へようこそ！**	特集 32ビット・マイコンSH-2 入門 （イントロダクション）	10	2001_06_176.pdf
	組み込み用に適したワンチップ系SuperHを知る **SH7045の概要とSH-2CPUコア**	特集 32ビット・マイコンSH-2 入門 （第1章）	12	2001_06_186.pdf
	組み込み用に必須の豊富な周辺機能を知る **SH7045の内蔵周辺機能**	特集 32ビット・マイコンSH-2 入門 （第2章）	17	2001_06_198.pdf
	学習用マイコン・ボードとC/C++コンパイラで学ぶ **C言語によるプログラム制作の実際**	特集 32ビット・マイコンSH-2 入門 （第3章）	15	2001_06_215.pdf
	Windows上で使えるフリーのCコンパイラで始めよう **gccとGNUProによるソフトウェア開発の実際**	特集 32ビット・マイコンSH-2 入門 （第4章）	15	2001_06_230.pdf
	リモート・デバッガ"VisualMonitor"とSH7045Fボード"AP-SH2F-0A" **組み込み用ボードの実例とリモート・デバッガの使い方**	特集 32ビット・マイコンSH-2 入門 （第5章）	10	2001_06_245.pdf
	組み込み制御にSHマイコン＋Linuxをどうぞ！ **SH-3Linuxボード・コンピュータ SH-2000**	特集 32ビット・マイコンSH-2 入門 （Appendix）	5	2001_06_255.pdf
7月号	中速，小規模，省電力，安価な無線ネットワークを実現する **Bluetoothシステムのハードウェアと開発環境**	特集 ディジタル無線データ通信 （第6章）	12	2001_07_236.pdf
8月号	15個のラジコン用サーボを使って各関節を駆動する **自立型4脚ロボットの製作**	特集 コンテストのためのロボット製作 （第6章）	13	2001_08_235.pdf
2002年 8月号	Linuxの動作に必要なハードウェアや具体的な構成を知る **Linuxワンボード・マイコンのハードウェア**	特集 Webベースのハードウェア制御 （第1章）	13	2002_08_149.pdf
2003年 2月号	YUV422出力をCPLDを使ってマイコンに取り込む **CMOSイメージ・センサとSH7045Fの接続事例**	特集 CMOS/CCD画像センサ入門 （第8章）	11	2003_02_186.pdf
2006年 9月号	**TIrobo01-CQの全回路図**	特集 5自由度アーム付き自走ロボットの製作 （Appendix B）	21	2006_09_106.pdf
	そこに込められた工夫やアイデアのいろいろ **ロボット・システムTIrobo01-CQのハードウェア**	特集 5自由度アーム付き自走ロボットの製作 （第1章）	7	2006_09_127.pdf
2009年 7月号	FPGAによる各種タイミング生成とマイコンによるSDカード書き込みが肝！ **CMOSイメージ・センサ画像処理ボードの設計**	特集 CMOSイメージ・センサのしくみと応用 （第6章）	10	2009_07_123.pdf

■Interface

掲載号	タイトル	シリーズ	ページ	PDFファイル名
2001年 2月号	**応用システム構築事例編**	SH-4用PCIバスブリッジの設計/製作 （最終回）	8	if_2001_02_196.pdf
4月号	SH-3&1394コントローラ搭載産業用途システム向け **ITRON上で動作する汎用IEEE1394ドライバの開発事例（前編）**		12	if_2001_04_196.pdf
5月号	SH-3&1394コントローラ搭載産業用途システム向け **ITRON上で動作する汎用IEEE1394ドライバの開発事例（後編）**		12	if_2001_05_176.pdf
6月号	組み込みCPUボードへのLinux移植を考える **SH-4マイコンボードへのLinuxのボードポーティング**	特集 産業用OSとしてのLinux活用法 （第5章）	16	if_2001_06_097.pdf
	新RISC評価キット近日登場！ **SH7751 CPUボード＋ATXマザーボードのハードウェア構成**	特集 産業用OSとしてのLinux活用法 （Appendix 2）	2	if_2001_06_113.pdf
	すべてのソフトウェアがオープンソースで供給される！ **Linuxを前提に設計されたSH-3ボード CAT68701**	特集 産業用OSとしてのLinux活用法 （第6章）	8	if_2001_06_115.pdf
	組み込み機器にPCIバスを搭載する **PCIコントローラ内蔵SH-4&SH-4用PCIブリッジの使い方**		10	if_2001_06_183.pdf

掲載号	タイトル	シリーズ	ページ	PDFファイル名
12月号	ハードウェアによる開発環境の改善も可能な **VxWorksの概要と開発環境Tornadoの実際**	特集 リアルタイムOS選択のポイント （第6章）	10	if_2001_12_093.pdf
2002年 1月号	監視カメラ/画像配信システムなどを構築できる **JPEG対応組み込みシステム「ESPT」の概要**	特集 画像処理技術の徹底活用研究	7	if_2002_01_078.pdf
3月号	intサイズ/エンディアン/プラットホームの違いを吸収する **移植性を考慮した組み込みCプログラミング**	特集 組み込み向けCプログラミングの基礎 （第5章）	16	if_2002_03_085.pdf
4月号	多言語対応も容易な **PEGによるGUIアプリケーション開発**	特集 GUIの組み込み機器への実装&活用法 （第2章）	9	if_2002_04_052.pdf
8月号	NetBSDによるネットワーク対応カメラ **mmEyeと電源即断環境に対応したファイルシステム**	特集 組み込み分野へのBSDの適用 （第6章）	10	if_2002_08_101.pdf
10月号	組み込みLinuxアプリケーション開発の勘所 **SHマイコンボードにLinuxを移植した際の問題点の考察**		7	if_2002_10_143.pdf
2003年	実際に動くと感動ものだよ！おもしろいことやろうぜ！ **これがオリジナル仕様コンピュータシステムだ！**	特集 作りながら学ぶコンピュータシステム技術 （プロローグ）	7	if_2003_01_040.pdf
	64ビット/MPXバスモード/クロック66MHzで動作させる **SH-4ローカルバスコントローラの設計/製作**	特集 作りながら学ぶコンピュータシステム技術 （第1章）	13	if_2003_01_047.pdf
	メインメモリとしてSDRAM SO-DIMMを実装する **SDRAMコントローラの設計/製作**	特集 作りながら学ぶコンピュータシステム技術 （第2章）	13	if_2003_01_060.pdf
	入出力機能拡張はすべてPCIバス上に実装する **PCIホストコントローラの設計/製作**	特集 作りながら学ぶコンピュータシステム技術 （第3章）	16	if_2003_01_073.pdf
1月号	VGA解像度で32ビットフルカラーのフレームバッファ **グラフィックスボードの設計/製作**	特集 作りながら学ぶコンピュータシステム技術 （第4章）	10	if_2003_01_089.pdf
	M16CマイコンとPCIデバイスでキーコードを変換する **PS/2キーボード&マウスインターフェースの設計/製作**	特集 作りながら学ぶコンピュータシステム技術 （第5章）	14	if_2003_01_099.pdf
	もっとも基本的なPIO転送に対応したATAインターフェース **ATAインターフェースの設計/製作**	特集 作りながら学ぶコンピュータシステム技術 （第6章）	13	if_2003_01_113.pdf
	まだ足りない！まだまだこれから！ **今後の展開と基板入手方法**	特集 作りながら学ぶコンピュータシステム技術 （エピローグ）	1	if_2003_01_126.pdf
	続・C言語をコンパイルする際に指定するオプション	フリーソフトウェア徹底活用講座 （第5回）	13	if_2003_01_127.pdf
2月号	無線LANの基本技術を実装する **OFDM無線モデムの基礎技術と設計事例**	特集 ワイヤレスネットワーク技術入門 （第3章）	25	if_2003_02_059.pdf
	保護機能をもったμITRON仕様準拠カーネル **Hyper ITRONとμITRON4.0/PX仕様の解説**		8	if_2003_02_122.pdf
	光ディジタルオーディオ入出力対応 **ディジタルオーディオボードの設計/製作**		10	if_2003_02_147.pdf
3月号	**GDB+DDDによるGUIデバッグ環境の構築**	SH-4PCI with Linux活用研究 (1)		if_2003_03_120.pdf
	PCIデバイス対応デバイスドライバの作成法	SH-4PCI with Linux活用研究 (2)	8	if_2003_03_126.pdf
4月号	組み込み機器にUSB周辺機器を接続するために **USBホストコントローラの概要とプロトコルスタックの移植**	特集 解説！USB徹底活用技法 （第3章）	15	if_2003_04_082.pdf
5月号	**Microwindowsを使った組み込み向けGUIプログラム作成事例（基礎編）**	SH-4PCI with Linux活用研究 (3)	7	if_2003_05_152.pdf
6月号	**Microwindowsを使った組み込み向けGUIプログラム作成事例（応用編）**	SH-4PCI with Linux活用研究 (4)	11	if_2003_06_165.pdf
8月号	オリジナルアーキテクチャのパソコンを作ろう！ **作りながら学ぶコンピュータシステム技術**	特集 現代コンピュータ技術の基礎 （第7章）	9	if_2003_08_086.pdf
	SH-4 Linuxの割り込み処理とPCIの割り込み共有について	SH-4PCI with Linux活用研究 （補足説明）	2	if_2003_08_160.pdf
10月号	実際のプロセッサはどのように動いているのか **パイプライン処理の実際**	特集 詳説マイクロプロセッサパイプラインとスーパースカラ （第3章）	8	if_2003_10_062.pdf
	実際のプロセッサはどのように実装されているか **スーパースカラの実際**	特集 詳説マイクロプロセッサパイプラインとスーパースカラ （第5章）	22	if_2003_10_081.pdf
11月号	外的要因と内的要因，ハードウェア割り込みとソフトウェア割り込みの違いを理解する **割り込みと例外の概念とその違い**	特集 マイクロプロセッサ技術の基本 （第3章）	14	if_2003_11_093.pdf
2004年 1月号	PCI-PCIブリッジの動作と組み込み向けPCI BIOSの作成法 **PCIバスツリー構造とPCI BIOSの動作**	特集 基礎からわかるPCI&PCI-X活用技法 （第5章）	15	if_2004_01_094.pdf
	組み込み機器におけるPCIバスの実装方法	特集 基礎からわかるPCI&PCI-X活用技法 （Appendix 2）	4	if_2004_01_109.pdf
3月号	**Linux上から各種USB機器を使う**	SH-4PCI with Linux活用研究 (5)	6	if_2004_03_162.pdf
6月号	RCサーボ制御信号発生回路をCPLDで構成した **二足歩行ロボットの制御回路の設計**	特集 ようこそ二足歩行ロボット制御の世界へ （第2章）	19	if_2004_06_060.pdf
8月号	TRONSHOW 2004で注目を集めた **T-Engine開発キットとTeacube**	特集 新世代TRONアーキテクチャT-Engine誕生 （第4章）	8	if_2004_08_076.pdf

SHマイコン活用記事全集

掲載号	タイトル	シリーズ	ページ	PDFファイル名
9月号	組み込みLinuxをさらに便利にするしくみ LinuxのMTD(Memory Technology Device)機能を使う		8	if_2004_09_129.pdf
11月号	割り込みプライオリティを最適化して SH-Linuxの割り込みレイテンシを改善		7	if_2004_11_153.pdf
2005年 1月号	GDBをGUI化したデバッガ Insightの使い方	特集 フリー・ソフトウェア活用組み込みプログラミング (Appendix 2)	5	if_2005_01_091.pdf
	マイクロプロセッサの選択と周辺回路設計	連載 SH-2で始める組み込み設計入門 (第1回)	14	if_2005_01_146.pdf
2月号	割り込みとメモリ・インターフェース回路の設計	連載 SH-2で始める組み込み設計入門 (第2回)	15	if_2005_02_165.pdf
3月号	入出力インターフェース回路の設計(その1)	連載 SH-2で始める組み込み設計入門 (第3回)	13	if_2005_03_190.pdf
4月号	たった五つのプロトコルと複数のエラー・マネージメント 車載LANに使われるCAN通信プロトコル	特集 ラスト1メートルをつなげ！短距離通信ネットワーク (第2章)	11	if_2005_04_057.pdf
	入出力インターフェース回路の設計(その2)	連載 SH-2で始める組み込み設計入門 (第4回)	10	if_2005_04_158.pdf
5月号	4ビットから32ビット・マイコンまで組み込み向けマイコンを整理する 組み込みマイコンのいろいろと選択基準	特集 マイコン・システム設計最初の一歩 (第2章)	12	if_2005_05_060.pdf
	マイコン・システムを支える縁の下の重要項目 電源/クロック/リセットとメモリ・バスの設計	特集 マイコン・システム設計最初の一歩 (第3章)	11	if_2005_05_072.pdf
	開発ツールとその使い方	連載 SH-2で始める組み込み設計入門 (第5回)	9	if_2005_05_129.pdf
6月号	JTAGデバッガ&リアルタイムOSを使いこなす	連載 SH-2で始める組み込み設計入門 (第6回, 最終回)	11	if_2005_06_140.pdf
7月号	CE Linux Forumの設立と活動	CE Linuxの全容 (前編)	5	if_2005_07_130.pdf
9月号	新しい組み込みチップはCaliforniaから－SuperHやPowerPCは駆逐されるか－	電脳事情にしひがし	4	if_2005_09_204.pdf
11月号	SH-Linuxを題材にしてLinuxの起動までを学ぶ ipl＋gを例にIPLのしくみと働きを見る	特集 組み込みOS向けブートローダのしくみ (第3章)	8	if_2005_11_068.pdf
	組み込みシステムのための完全なブートストラップ環境 RedBootのダウンロードからボードへの実装まで	特集 組み込みOS向けブートローダのしくみ (第4章)	23	if_2005_11_076.pdf
2006年 3月号	たった4本の信号線があればマイコンにストレージがつながる！ PC/ATのLPTポート&SH-4を使ったMMCカードの制御事例	特集 フラッシュ・メモリ・カードの組み込み機器への活用 (第3章)	12	if_2006_03_064.pdf
	組み込みOS eBossで実現した 電源容量不足を監視するWeb対応ネットワークUPSの開発		2	if_2006_03_161.pdf
5月号	SH7044F評価ボードとCコンパイラ開発セットで試す SH-2ベース組み込みマイコンを使ってみよう！	特集 組み込みマイコン・ボード活用の基礎知識 (第4章)	13	if_2006_05_070.pdf
6月号	まず付録基板に部品をはんだ付けしよう SH-2基板で始める組み込みマイクロプロセッサ入門	特集 SH-2基板ではじめる組み込みマイコン入門 (第1章)	8	if_2006_06_068.pdf
	付録基板に搭載されているCPUの位置付けを知る SuperHファミリとSH-2のポジション	特集 SH-2基板ではじめる組み込みマイコン入門 (第2章)	5	if_2006_06_076.pdf
	CPUの構成を理解してハードウェアをマスタしよう SH7144F/7145Fのアーキテクチャと内蔵周辺回路	特集 SH-2基板ではじめる組み込みマイコン入門 (第3章)	11	if_2006_06_081.pdf
	回路設計のトラブルに巻き込まれないための マイクロプロセッサ周辺回路の設計－電源, クロック, リセット回路	特集 SH-2基板ではじめる組み込みマイコン入門 (第4章)	12	if_2006_06_092.pdf
	入力装置からのデータを受けて出力装置を動かすしくみ SH7144Fの入出力インターフェースとGPIOプログラミング	特集 SH-2基板ではじめる組み込みマイコン入門 (第6章)	7	if_2006_06_121.pdf
	RS-232-Cポートを使ってシリアル通信を行おう シリアル通信インターフェースのプログラミング	特集 SH-2基板ではじめる組み込みマイコン入門 (第7章)	7	if_2006_06_128.pdf
	8チャネルのデータ・ロガーを作ってみよう A-D変換回路とプログラミング	特集 SH-2基板ではじめる組み込みマイコン入門 (第8章)	6	if_2006_06_135.pdf
	モータ制御に必要なPWM制御信号を取り出せる 豊富な機能と性能を備えたカウンタとタイマ機能	特集 SH-2基板ではじめる組み込みマイコン入門 (第9章)	7	if_2006_06_141.pdf
	緊急度を判断し, 処理の後始末も行う 割り込み処理のプログラミング	特集 SH-2基板ではじめる組み込みマイコン入門 (第10章)	5	if_2006_06_147.pdf
7月号	波形メモリ音源を使う 電子オルゴールの製作	特集 はじめてのSH-2基板応用&開発実践技法 (第1章)	10	if_2006_07_044.pdf
	ちょっと高度な制御に挑戦 フィードバック制御による倒立ロボットの製作	特集 はじめてのSH-2基板応用&開発実践技法 (第3章)	9	if_2006_07_070.pdf
	開発環境の構築から標準入出力ライブラリの作成まで GCCでSH-2のプログラムを作ってみよう	特集 はじめてのSH-2基板応用&開発実践技法 (第4章)	19	if_2006_07_079.pdf
	GNUクロス開発環境とC言語標準関数ライブラリで オリジナル・モニタ・プログラムを作ろう	特集 はじめてのSH-2基板応用&開発実践技法 (第5章)	9	if_2006_07_097.pdf
	複雑なプログラムにも対処できる GNUフリー・ソフトウェアGDBを使ったデバッグ手法	特集 はじめてのSH-2基板応用&開発実践技法 (第6章)	15	if_2006_07_107.pdf

掲載号	タイトル	シリーズ	ページ	PDFファイル名
7月号	共用体とビット操作 組み込み開発でのC言語記述におけるトレードオフ	特集　はじめてのSH-2基板応用&開発実践技法　（Appendix）	2	if_2006_07_122.pdf
8月号	EclipseとSH-2用GCCで構築する SH-2付録基板用μITRON TOPPERS開発ツール	特集　SH-2基板で試して学ぶ組み込みOS活用技法　（第1章）	10	if_2006_08_044.pdf
	サンプル・プログラムの中身はこうなっている！ μITRON4.0仕様書を片手にsample1を読む	特集　SH-2基板で試して学ぶ組み込みOS活用技法　（第2章）	7	if_2006_08_054.pdf
	μITRON4.0仕様のツボを押さえる TOPPERS/JSPを理解するためのμITRON4.0仕様	特集　SH-2基板で試して学ぶ組み込みOS活用技法　（第3章）	9	if_2006_08_061.pdf
	車載向けOS OSEKを動作させる SH-2付録基板でのTOPPERS/OSEKカーネルの実行	特集　SH-2基板で試して学ぶ組み込みOS活用技法　（第4章）	14	if_2006_08_070.pdf
	新しいCPUへのカーネル移植のポイント TOPPERS/OSEKカーネル移植作業の実際	特集　SH-2基板で試して学ぶ組み込みOS活用技法　（第5章）	13	if_2006_08_084.pdf
	使用RAM容量数十バイトから使えるOS Smalight OSによるプログラミング	特集　SH-2基板で試して学ぶ組み込みOS活用技法　（第6章）	11	if_2006_08_097.pdf
	ロイヤリティ・フリー、ソース・コード提供のRTOS SH-2付録基板でNucleus PLUSを動作させる	特集　SH-2基板で試して学ぶ組み込みOS活用技法　（第7章）	5	if_2006_08_108.pdf
	移植からマルチタスク・アプリケーションを動作させるまで NORTiをSH-2付録基板で動作させよう	特集　SH-2基板で試して学ぶ組み込みOS活用技法　（第8章）	14	if_2006_08_113.pdf
10月号	製作するロボットを見てみよう これがTIrobo01-CQだ！	特集　自律走行ロボット設計&製作のすべて　（プロローグ）	2	if_2006_10_052.pdf
	こんなロボットが作りたい まずは仕様出しから始めよう	特集　自律走行ロボット設計&製作のすべて　（第1章）	6	if_2006_10_054.pdf
	2輪独立制御で走る、曲がる、止まる ロボットの"足"となる台車のしくみ	特集　自律走行ロボット設計&製作のすべて　（第2章）	4	if_2006_10_060.pdf
	市販のロボット・アームをカスタマイズ 物をつかんで離すアーム部のアーキテクチャ	特集　自律走行ロボット設計&製作のすべて　（第3章）	8	if_2006_10_064.pdf
	ロボットの頭脳となるNetBSDサーバ 統括制御モジュールのハード&ソフト構成	特集　自律走行ロボット設計&製作のすべて　（第4章）	8	if_2006_10_072.pdf
	VMware Player上でNetBSDを動かそう ソフトウェア開発環境の構築&使用方法	特集　自律走行ロボット設計&製作のすべて　（第5章）	6	if_2006_10_078.pdf
	MP3デコーダVS1011とProDigioで実現する SH-2付録基板でMP3プレーヤを作ろう		6	if_2006_10_122.pdf
	組み込みにも利用できる統合開発環境 EclipseによるSH-2付録基板のプログラム開発		15	if_2006_10_133.pdf
	SH-2付録基板をPizzaFactory3からデバッグしよう！ Eclipseと実機ターゲット・ボードのJTAGデバッガによる接続事例		5	if_2006_10_148.pdf
	SH-2付録基板用ベースボード開発中！		1	if_2006_10_153.pdf
	TOPPERS/OSEKカーネルにおける検証の実際 OS検証の自動実行による信頼性向上の手法		12	if_2006_10_163.pdf
2007年 1月号	SH-4（SH7760）にみる組み込み向けOHCI制御の実例 Linux用OHCI USBホスト・ドライバの実装事例	特集　USBターゲット&ホスト機器設計の完全理解（第7章）	6	if_2007_01_130.pdf
	SH-2基板で作る 自分流クリスマス・イルミネーション		8	if_2007_01_147.pdf
3月号	BLANCAシステム・バスとIDE&CompactFlashへのブリッジ	連載 組み込みシステム開発評価キット活用通信　（第5回）	8	if_2007_03_167.pdf
9月号	最小サイズのルート・ファイル・システム作成法いろいろ SH-3/4による最小構成Linuxシステムの構築事例	特集　最小構成Linuxシステムの構築に挑戦　（第1章）	12	if_2007_09_046.pdf
11月号	キャッシュの管理の基本からハイパースレッドまで マルチコア、マルチプロセッサのハードウェア	特集　マルチタスク/マルチコア時代の並列処理技術　（第2章）	13	if_2007_11_060.pdf
	プロセッサ間の同期をソフトウェアで実現する マルチプロセッサのためのアセンブリ命令	特集　マルチタスク/マルチコア時代の並列処理技術　（第3章）	8	if_2007_11_073.pdf
12月号	各種CPU対応GDBと拡張ベース・ボード対応GDBスタブの作成	特集　組み込みクロス開発環境構築テクニック　（Appendix 2）	1	if_2007_12_126.pdf
	本誌付属CPU基板にネットワーク機能とストレージ機能を追加する SH-2&V850付属基板対応拡張ベース・ボードの設計（前編）		7	if_2007_12_128.pdf
2008年 2月号	本誌付属CPU基板にネットワーク機能とストレージ機能を追加する SH-2&V850付属基板対応拡張ベース・ボードの設計（中編）		8	if_2008_02_138.pdf
3月号	ITRONデバイス制御フレームワーク ITRON仕様におけるデバイス・ドライバ構想	特集　デバイス・プログラミング、ハードウェアはこう叩く！（第4章）	8	if_2008_03_088.pdf
	本誌2006年6月号/2007年5月号付属マイコン基板で動作する SH-2/V850マイコン基板向け浮動小数点演算プログラムの作成		12	if_2008_03_146.pdf
4月号	本誌執筆陣によるBLANCAシステム・バス2.0仕様検討委員会の一幕?! システム・アーキテクチャ"あれこれ"座談会	特集　システム・アーキテクチャの実践的設計技法　（プロローグ）	6	if_2008_04_046.pdf

掲載号	タイトル	シリーズ	ページ	PDFファイル名
4月号	SH7780, VR4131, MPC5200などのCPUカードとVirtex-4, Spartan-3E, Cyclone IIなどのFPGAカード **組み込みシステム開発評価キット対応オプションCPUカードについて**	特集 システム・アーキテクチャの実践的設計技法 （Appendix 2）	2	if_2008_04_108.pdf
	組み込み向けマルチコア・マイコンSH2A-DUALを実例とした **SH-2Aのマルチコア化とソフトウェアの対応**		10	if_2008_04_154.pdf
6月号	**オプションCPUカードSH-4A（SH7780）の設計**	連載 組み込みシステム開発評価キット活用通信（第16回）	12	if_2008_06_159.pdf
12月号	**ユニバーサル・カードを使ってSH-2&V850を接続する**	連載 組み込みシステム開発評価キット活用通信（第18回）	12	if_2008_12_186.pdf
2009年 8月号	高機能なLCD制御機能を内蔵したSH7764マイコンによる **組み込み機器用グラフィックス表示の実現方法**	特集 グラフィックス描画の原理，手法，コントローラ（第4章）	11	if_2009_08_072.pdf
10月号	ルネサス テクノロジ製SH-4AプロセッサSH7780対応 **SH-4A評価ボードにLinuxを移植する**	特集 シミュレータと実機で学ぶ組み込みLinux入門（第5章）	9	if_2009_10_095.pdf
2010年 1月号	センサの大敵，ノイズに打ち勝ち，意味のあるデータを取得しよう	特集 モータの基礎知識とプログラミング技法（Appendix）	5	if_2010_01_067.pdf
	SH-2/V850/ARMマイコンで制御するライン・トレース・カーで学ぶ **ソフトウェア資産の再利用と移植性の高いプログラミング方法**	特集 モータの基礎知識とプログラミング技法（第5章）	8	if_2010_01_072.pdf
	部品選定のポイントから電流ループやサーボ・コントローラの演算処理まで **SHマイコンとFPGAを使ったACサーボモータの制御システムの設計**	特集 モータの基礎知識とプログラミング技法（第7章）	13	if_2010_01_090.pdf
4月号	AndroidにSHマイコン用のパッチを適用する **SH7724搭載ボード上でAndroidを動作させる**	特集 Android×Linux＝次世代組み込み機器（第3章）	6	if_2010_04_074.pdf
	533MHz動作デュアル・コアSH-4A+PCI Expressの高性能を組み込みで使う **PCI Expressコントローラ内蔵SH-4Aプロセッサの使い方**		14	if_2010_04_125.pdf
6月号	無限に広がるSH-2Aワールドへようこそ **高性能SH-2Aマイコンで何ができる？**	特集 最速!付属SH-2A基板で高性能マイコンを学ぼう（プロローグ）	2	if_2010_06_068.pdf
	CPUボードの回路構成と基板の組み立て **付属SH-2Aマイコン基板の使い方**	特集 最速!付属SH-2A基板で高性能マイコンを学ぼう（第1章）	12	if_2010_06_070.pdf
	SH-2Aってどんなマイコン？付属基板搭載のCPUはどんな機能が内蔵されているの？ **SH-2A製品の展開とSH7262の機能**	特集 最速!付属SH-2A基板で高性能マイコンを学ぼう（第2章）	11	if_2010_06_088.pdf
	開発環境の準備からタイマ割り込みによるLED点灯プログラムの作成まで **開発ツールHEWの使い方とサンプル・プログラムの作り方**	特集 最速!付属SH-2A基板で高性能マイコンを学ぼう（第3章）	11	if_2010_06_099.pdf
	1万円を切る価格で本格的な開発環境を準備できる **安価なJTAGデバッガで付属SH-2A基板をデバッグしよう**	特集 最速!付属SH-2A基板で高性能マイコンを学ぼう（Appendix 2）	3	if_2010_06_111.pdf
	時間の経過をカウントするためのコントローラ **タイマ・コントローラと割り込みの使い方**	特集 最速!付属SH-2A基板で高性能マイコンを学ぼう（第4章）	6	if_2010_06_114.pdf
	拡張ベースボードCQBB-ELを使って可変抵抗の状態を調べる **アナログ情報を取り込むA-Dコンバータの使い方**	特集 最速!付属SH-2A基板で高性能マイコンを学ぼう（第5章）	10	if_2010_06_120.pdf
	付属SH-2Aマイコン基板上のシリアル・フラッシュROMを書き換える **シリアル・フラッシュROMのアップデート手順**	特集 最速!付属SH-2A基板で高性能マイコンを学ぼう（Appendix 3）	1	if_2010_06_130.pdf
	SPDIFデジタル・オーディオで音楽の録音再生ができる **光デジタル・オーディオ・インターフェースを実装する（ハードウェア編）**	特集 最速!付属SH-2A基板で高性能マイコンを学ぼう（Appendix 4）	3	if_2010_06_131.pdf
	QVGAで64K色表示が可能なLCDパネルを接続して絵を表示させよう **CPU内蔵LCDコントローラを使った液晶表示制御事例**	特集 最速!付属SH-2A基板で高性能マイコンを学ぼう（第6章）	11	if_2010_06_134.pdf
7月号	SH-2Aマイコン応用システム大集合 **SH-2Aマイコンでこんなことができるぞ！**	特集 マイコンと周辺装置のつなげかた～SH-2A編～（プロローグ）	2	if_2010_07_036.pdf
	LCD画面に直線や円，文字を描画する **グラフィックス＆フォント描画の基本**	特集 マイコンと周辺装置のつなげかた～SH-2A編～（第1章）	13	if_2010_07_038.pdf
	液晶だけじゃない！VGAはもちろんSVGAも表示できる…かも？ **SH7262のアナログRGB出力実験**	特集 マイコンと周辺装置のつなげかた～SH-2A編～（Appendix 1）	4	if_2010_07_051.pdf
	タッチ・パネル付きLCDパネルでユーザ操作を入力する **タッチ・パネル制御の基本と応用**	特集 マイコンと周辺装置のつなげかた～SH-2A編～（第2章）	7	if_2010_07_055.pdf
	SPI経由でフラッシュ・メモリ・カードを読み書きする **メモリ・カードとFATファイル・システムの実装**	特集 マイコンと周辺装置のつなげかた～SH-2A編～（第3章）	10	if_2010_07_062.pdf
	SPI接続シリアル・フラッシュROMからプログラムを起動させる **ブート・ローダの仕組みとプログラムのROM化**	特集 マイコンと周辺装置のつなげかた～SH-2A編～（Appendix 2）	4	if_2010_07_072.pdf
	USBホスト機能が使えれば拡張性が大きく広がる **CPU内蔵USBホスト・コントローラ制御の基本**	特集 マイコンと周辺装置のつなげかた～SH-2A編～（第4章）	12	if_2010_07_076.pdf
	USBターゲット機能を使ったアプリケーション事例 **仮想シリアル・ダウンローダの使い方**	特集 マイコンと周辺装置のつなげかた～SH-2A編～（Appendix 3）	2	if_2010_07_088.pdf
	LEDの明るさやモータ制御，音声再生もできる **高機能タイマ・コントローラやPWMコントローラを使ったPWM信号の生成**	特集 マイコンと周辺装置のつなげかた～SH-2A編～（第5章）	11	if_2010_07_090.pdf
	SPDIFデジタル・オーディオで音楽の録音再生ができる **光デジタル・オーディオ・インターフェースを実装する（ソフトウェア編）**	特集 マイコンと周辺装置のつなげかた～SH-2A編～（Appendix 4）	3	if_2010_07_101.pdf
	フリー・ソフトウェアのコンパイラでプログラムを開発できる **SH-2A対応GCCによるクロス開発環境の構築と使い方**	特集 マイコンと周辺装置のつなげかた～SH-2A編～（第6章）	11	if_2010_07_104.pdf

掲載号	タイトル	シリーズ	ページ	PDFファイル名
7月号	統合開発環境HEWから使えるフリーなコンパイラ **KPIT Cummins GCCのインストールと使い方**	特集 マイコンと周辺装置のつなげかた～SH-2A編～（Appendix 5）	7	if_2010_07_115.pdf
8月号	組み込み開発のデバッグでもprintfを使いたい！ **printfの「超」簡単な実装方法**	特集 マイコン入門者のための組み込みCプログラミング（Appendix 1）	3	if_2010_08_052.pdf
	変数，ポインタ，ビット演算，volatile，制御フロー，関数 **C言語の文法を本質から理解しよう！**	特集 マイコン入門者のための組み込みCプログラミング（第3章）	11	if_2010_08_055.pdf
	ツール・チェーンの動きを理解して，トラブル解決に役立てる **プログラムが実行されるまでの動きを理解しよう！**	特集 マイコン入門者のための組み込みCプログラミング（第4章）	10	if_2010_08_066.pdf
	マイコンのマニュアルを読みこなして，デバイス・ドライバを作ろう！ **ハードウェアを制御するプログラムを作成する方法**	特集 マイコン入門者のための組み込みCプログラミング（第7章）	8	if_2010_08_094.pdf
	初心者でも手軽に試せる付属SH-2Aマイコン基板を使用した製作事例 **簡易MP3プレーヤを作ろう！**	特集 マイコン入門者のための組み込みCプログラミング（第8章）	13	if_2010_08_102.pdf
	CPU性能を100％引き出すためには **SH-2A/SH2A-FPUプログラミング・テクニック（前編）**		10	if_2010_08_116.pdf
	市販RTOS μC3/Compact評価版活用事例 **付属SH-2Aマイコン基板でリアルタイムOSを動かす**		8	if_2010_08_126.pdf
	タッチ・パネル付き液晶をつないで画像表示アプリケーションが自由自在！ **SH-2Aマイコン基板対応LCD拡張ボードいよいよ登場**		3	if_2010_08_134.pdf
9月号	プリイレースやブロック書き込みを使って書き込みパフォーマンスを向上 **SDHCカードの組み込み機器への実装ノウハウ**	特集 FATファイル・システムでファイルを読み書きしよう（第5章）	15	if_2010_09_114.pdf
	フラッシュROMの容量が少なくてもサイズの大きなアプリケーションを起動できる **SH-2Aマイコン基板用SD/MMCカード対応ローダの製作**	特集 FATファイル・システムでファイルを読み書きしよう（第6章）	7	if_2010_09_129.pdf
	CPU性能を100％引き出すためには **SH-2A/SH2A-FPUプログラミング・テクニック（後編）**		10	if_2010_09_152.pdf
10月号	RISC旋風が巻き起こった1990年代を中心に **マイクロプロセッサ変遷史／1990年代～2000年代**	特集 進化するコンピュータ・アーキテクチャの30年（第2章）	20	if_2010_10_044.pdf
	SH7262に内蔵されていないネットワーク機能を外付けで実現する **SH-2Aの外部バスの活用とNE2000互換LANコントローラの接続事例**		10	if_2010_10_113.pdf
	LCD拡張ボード2製品の違いとプログラム作成上の注意点 **SH-2Aマイコン基板対応拡張ボード活用通信**		2	if_2010_10_124.pdf
11月号	各種拡張ボードのオーディオ機能やPWM機能で実現する **SH-2Aマイコンによる本格的MP3プレーヤの製作（前編）**		11	if_2010_11_131.pdf
	SH-2Aマイコン基板とTOPPERS/ASPを用いた **ライン・トレース・カーの製作（OS移植編）**		7	if_2010_11_142.pdf
12月号	ルネサス エレクトロニクスのCPUを使って画像認識 **画像認識エンジンIMPと車載用プロセッサIMAPCAR**	特集 しくみから顔認識まで 画像処理システム入門（Appendix 3）	5	if_2010_12_152.pdf
	SH-2Aマイコン基板とTOPPERS/ASPを用いた **ライン・トレース・カーの製作（トレース・カー製作編）**		11	if_2010_12_162.pdf
	LCD拡張基板を使用した製作事例 **SH-2A基板で簡易ディジタル・フォト・フレームを作ろう！**		7	if_2010_12_175.pdf
	各種拡張ボードのオーディオ機能やPWM機能で実現する **SH-2Aマイコンによる本格的MP3プレーヤの製作（後編）**		9	if_2010_12_183.pdf
	TCP/IPをハードウェアで処理するLANコントローラW5100をつなぐ **SH-2Aマイコン＋SPI接続LANモジュールでお手軽ネットワーク接続**		11	if_2010_12_193.pdf

■Design Wave Magazine

掲載号	タイトル	シリーズ	ページ	PDFファイル名
2001年 6月号	**SHプロセッサのIP戦略を担う新会社「SuperH, Inc.」**	Mr. M.P.Iのプロセッサ・レビュー（第9回）	1	dwm004301221.pdf
8月号	**RISCとDRAMを封止したMCMの開発**	重点企画 システム・イン・パッケージ（SiP）の設計（第2章）	6	dwm004501101.pdf
2002年 1月号	FPGA/PLD市場の参入する日立製作所の取り組み **プログラマブル・ロジックを集積したSHマイコンのすべて（前編）**		11	dwm005001541.pdf
2月号	ソフト開発環境とハード開発環境をシームレスにつなぐ **プログラマブル・ロジックを集積したSHマイコンのすべて（後編）**	特集2 FPGAにマイクロプロセッサを組み込む（第3章）	10	dwm005100961.pdf
9月号	SH-3, Pentium, ARMのメモリ保護機能 **メモリ管理のしくみとプロセッサへの実装**	特集2 ソフトウェア部品流通の基盤を整えたITRON（第2章）	20	dwm005800821.pdf
10月号	低電圧・大電流・高速動作に対応 **高性能LSI向けオンボード電源回路集**	特集2 ASIC/FPGAユーザのための電源回路設計法（第2章）	11	dwm005901051.pdf
2004年 10月号	完全な再設計により性能向上やコード効率改善を実現 **組み込み向け32ビットRISCコアSH-2Aの開発**		11	dwm008301191.pdf
2009年 1月号	SH-MobileR2マイコン搭載ボードのリセット・電源設計事例研究 **マイコンを利用して電源投入シーケンスを制御しよう**		12	dwm013400871.pdf

第1章　SHマイコンの歴史

SH誕生までの汗と涙の物語とその後の発展
圓山 宗智

SHマイコンの萌芽

　SHマイコンは，今から四半世紀近く前に検討を開始しました．その当時の様子をお目にかけたいと思います[注1]．

● 1980年代後半の日立半導体

　日立製作所(以下，日立)の半導体部門では，1980年代後半からオリジナル・アーキテクチャのマイコン・シリーズを活発に開発・リリースしていました．皆さんよくご存じのH8シリーズです．当時はH8/500シリーズとH8/300シリーズを開発・拡販中で，H8/532やH8/330が代表的な製品でした．これらを持って顧客を巡っているうちに，社内では性能的にもう一歩踏み込んだ製品群が必要になるなと感じてきていました．

● 若手エンジニアの輪講

　当時の日立のマイコン設計部門は，マイコン好きな若手エンジニアがたくさんいました．新しい技術の吸収欲もすさまじくて，終業後に若手有志が自主的に集まってあちこちで勉強会が開かれていました．その中に，米国で出版されたばかりのコンピュータ・アーキテクチャについての教科書を使って輪講を始めたグループがありました．

　使った教科書は，「Computer Architecture, A Quantitative Approach」です(**写真1**)．著者は，Stanford UniversityのJohn L. HennessyとUniversity of California, BerkeleyのDabid A. Pattersonです．共に計算機科学の大家でRISC(Reduced Instruction Set Computer)アーキテクチャの生みの親です．この本の中ではDLXというRISCアーキテクチャを提唱しておりMIPSアーキテクチャの元になりました．HennessyはMIPS Technologies社[注2]の創業者でもあります．

　この本は著者の名前をもじって通称「ヘネパタ」と呼ばれており，コンピュータの教科書の中では極めて著名な良書です．コンピュータ・アーキテクチャを定義するときは，しっかり定量的なデータに基づいた検討をすべきと説いています．現在は第4版まで更新されており，通販サイトでも容易に入手できるので，ぜひ手に取って読んでみることをお勧めします．

　ここで，コンピュータ・アーキテクチャの重要な概念であるCISC(Complexed Instruction Set Computer)とRISCについて整理しておきましょう．**表1**にCISCとRISCの比較を示します．

● CISCアーキテクチャ

　CISCは文字通り一つの命令の機能を複雑にしたタイプのアーキテクチャです．マイコンれい明期の8080, Z80, 6800, 6809などは皆このタイプで，その後のH8やx86アーキテクチャにも引き継がれていま

写真1　ヘネパタの本
ここに示したのは第2版．当時の輪講では第1版を用いていた．

注1　本章は，SHマイコン誕生までの過程を元設計者の山崎尊永氏にヒアリングした内容を元に構成している．
注2　MIPS Technologies 社は，2012 年に Imagination Technologies社に買収された．

表1 CISCとRISCの比較

項目	CISC	RISC
1命令が持つ機能	複雑	単純
1命令当たりの長さ	可変長(1バイト〜数バイト)	固定長(32ビット)
1命令の実行サイクル数	複数サイクル	1サイクル
メモリ・アクセスする命令	原則として全命令で可能	LOAD/STORE命令に限定
アドレッシング・モード	複雑	単純
レジスタの機能	レジスタごとに固有機能あり	汎用レジスタ方式(+レジスタ・バンク)
性能向上でキーになる要素	コア内ハードウェア方式	コンパイラ方式
ハードウェアの複雑度	複雑	単純
動作周波数	向上させにくい	向上させやすい
コード効率(コード量)	良い(少ない)	悪い(多い)

す．一つの命令の長さが可変長(1バイト〜数バイト)なので，命令セットの種類を多くすることができ，またアドレッシング・モードも多種多様な複雑なものを実装できました．一つの命令が多くのことを処理できるので，プログラムのコード効率(ある一定のプログラム処理に必要な命令オブジェクト・コードのバイト数の少なさ)が良くなるという利点があります．一方，ハードウェアが複雑になり，論理ゲート段数が増えることにより動作周波数を向上させにくい問題がありました．

● RISCアーキテクチャ

一方のRISCは一つの命令の機能を単純にしたタイプのアーキテクチャです．命令長を固定にすることで命令デコーダの論理が軽くなり，動作周波数を向上させやすくなります．

メモリ・アクセスはロード命令やストア命令のみで行います．その代わり作業用の汎用レジスタの数を増やして，なるべくメモリをアクセスしないでも演算処理を進められるようにしています．こうすると，パイプライン構造を単純化できるとともに，かつ時間がかかるメモリ・アクセスを減らして性能向上を図ることができます．

しかしCISCが1命令でできる処理を，RISCでは複数個の命令が必要になるため，コード効率が悪くなる問題はあります．また命令の組み合わせ方が性能を左右するので，コンパイラの最適化技術が非常に重要な要素を占めるアーキテクチャでもあります．

● パソコンやサーバ向けCPUはCISC型へ移行

「ヘネパタ」本が発刊されてしばらくの間は，今後のコンピュータ・アーキテクチャはRISCが席巻するのではないかと思われていました．実際，高性能ワークステーション向けCPUとしては，RISCアーキテクチャのMIPSやSPARCが使われ，CISCの代表格であるx86アーキテクチャはパソコン向けCPUに使われるというすみ分けがしばらく続きました．

しかし次第に，RISC陣営とCISC陣営で，お互いの欠点を補うために双方のいいとこ取りを進め，だんだんと明確な区別が付かなくなっていきます．

RISCも命令や構造が次第に複雑になり，またCISCも内部構造としてはRISC的な考え方を取り入れるような動きがありました．

さらに，半導体プロセスの発展もあって，多少ハードウェアが複雑でも動作周波数をガンガン向上できるようになりました．

そうなるとソフトウェア資産を活用できるx86アーキテクチャが断然有利となります．現在では家庭用パソコンから高性能サーバまで，ほとんどx86アーキテクチャが使われるようになりました．

● 組み込み向けCPUはRISC型へ移行

1980〜1990年代の組み込み向けのマイコン(MCU：Micro Controller Unit)のCPUには，一般的にCISCアーキテクチャが採用されていました．マイコンれい明期の8080，Z80，6800，6809などがCISCだったことから，当たり前のようにH8/500やH8/300などのCISC型のマイコンが開発されていました．

しかし，現在の組み込み向けCPUは，SHやARMに代表されるRISC方式が主体です．RISCの特徴であるシンプルなハードウェアが，周波数当たりの性能と周波数当たりの消費電力をCISC方式よりも大幅に改善させることができるためです．

この組み込み向けCPUにはRISC方式を，という発想が生まれた経緯をSHを題材にもう少し追いかけてみましょう．

● 16ビット固定長命令への発想

「ヘネパタ」本を輪講していたエンジニア達は，RISCアーキテクチャは何もワークステーションなどのハイエンドCPUだけに向いているのはないと気付きました．組み込み向けのCPUは，ワークステーシ

ョン用と違って，ややこしい例外処理（メモリ・フォールトからの復帰など）や仮想記憶などという考え方は不要で，純粋にRISCの思想である「単純化」というおいしいところだけを頂戴できるのではないかと考えたのです．

組み込み向けCPUにRISC方式を導入する唯一の問題は，コード効率です．「ヘネパタ」本では，MIPSアーキテクチャの元になるDLXというCPUを想定して評価していましたが，その命令は32ビット固定長です．1命令当たり必ず4バイト消費するとなると，どれだけコンパイラで最適化しようともコード・サイズが増大することは目に見えていました．

そこで，全部の命令を16ビット固定長にしてしまえばよいのではないか，となったわけです．全命令を16ビット固定長にするには，後述する通りそれなりに課題が多かったのですが，「なんとなく，うまくいきそうだよね」という感触がエンジニアの頭の中に芽生えていました．

この発想をしたのが1990年です．そのあたりから，日立だけでなく，幾つかのメーカが組み込み向けCPUとしてRISC方式を検討しはじめていました．

● SHマイコン開発開始！

いよいよ，16ビット固定長のRISCアーキテクチャをベースにしたSHマイコンの開発が始まりました．まずはCPU仕様を具体化するところから着手です．

目標性能はH8/500の10倍に設定しました．H8/500は，1命令当たり平均で5サイクルくらいかかっていました（5 CPI：Clocks Per Instruction）．これをSHでは1 CPIにして，かつ動作周波数をH8/500の10 MHzから2倍の20 MHzにすれば，性能は10倍になります．そこをターゲットにして，あれやこれやの検討が始まりました．

● SHマイコンの名前の由来

SHマイコンがなぜ「SH」なのかは諸説あります．開発者の名前を採った説，「新Hシリーズ」の略という説などです．さらには，話す相手（特に会社幹部）の名前の先頭が「サ行」の文字だったら，「あなたの名前を取りました」とお世辞を言うこともあったようです．

SHという名前は，最初は開発コード・ネームのようなものでした．製品開発がだいぶ進んだころ，きちんとした名前を付けたいということになり，某広告代理店に高い金を払って案を作ってもらったことがあります．ある日，幾つか案が出来上がってきたので，関係者が集まって選定会議をやったのですが，結局ピンとくる案がなく，「まあ，とりあえずSHでいくか」となってしまいました．「SuperH」という名前はその後，無理やり付けた名前なのです．

SH-1アーキテクチャの検討経緯

SH-1のCPUアーキテクチャをどのように決めていったかの経緯を技術的内容も交えて解説します．

● 定量的な評価を重視

CPUのアーキテクチャや命令体系を決める作業は，設計者の感性，個性，趣味，好き嫌いにかなり左右されるものであり，それがまた「味」になったりするわけですが，SHのアーキテクチャを決める際は，「ヘネパタ」本の教え通り，定量的な評価を重視しました．

● C言語に最適化

当時の組み込みマイコンのプログラム開発は，アセンブリ言語からC言語に移行しつつありました．定量的評価に加えて，SHのアーキテクチャを決める重要な基準として，命令セットをC言語に特化させることにしました．

例えば，古くからある8ビットCPUには必ず入っていたローテート命令や10進補正命令は，C言語のステートメント仕様にないので入れていません．

また条件分岐命令に関しては，SH以前のCPUでは，演算命令でキャリー（C），ボロー（B），ゼロ（Z），負（N），オーバフロー（V）などのフラグをセットして，その値を見て分岐するかどうかを決めていました．しかしC言語のステートメント（if文の条件式）では，そうしたフラグの概念はダイレクトには存在せず，一致（==），不一致（!=），大小比較（<, >, <=, >=）で評価します．そのため，SHではC言語の条件式の値に対応する，真偽を表す1ビットのフラグ（T）だけを用意して，数値比較（CMP）命令でTフラグを設定するようにしました．結果として，条件分岐命令は2個（T=1で分岐するBT命令と，T=0で分岐するBF命令）だけになりました．

● 汎用レジスタの数

RISCアーキテクチャは，メモリ・アクセスを減らしてなるべく汎用レジスタ間で演算を進めることで処理を効率化させる特徴があり，汎用レジスタの数はなるべく多い方が性能面では有利に見えます．実際，ワークステーション用のRISCプロセッサでは32本ないしは64本の汎用レジスタを備えていました．しかし，例えば汎用レジスタが32本あると，命令コードの中の汎用レジスタを選択するためのビット・フィールドとして5ビット必要になります．命令コードの中で二つのレジスタ指定があるとそれだけで10ビットを消費します．命令長を16ビット幅に収めようとすると，

残るビット・フィールドは6ビットだけになり，定義できる命令の個数が減ってしまいます．

そこで汎用レジスタは最低で何本あればよいのかを評価することにしました．C言語のプログラムをコンパイルしたとき，関数呼び出し時の引き数とその関数内のローカル変数に汎用レジスタが割り当てられるとして，それらの数を実際のC言語のプログラムを使ってカウントしてみたのです．組み込み用プログラムとしては，エンジン制御やモータ用インバータ制御，ストレージ制御などの実際のアプリケーション・プログラムを使いました．その結果を図1に示します．

これによれば，関数呼び出し時の引き数とその関数内のローカル変数の個数はほとんどのケースで10個以下となり，汎用レジスタとしては16本あれば十分だろうと判断できました．

最近の組み込みRISCでもコード・サイズを小さくするため16ビット長命令を使っていますが，そうしたアーキテクチャでも指定できる汎用レジスタの本数は16本にしており，それでも十分に性能が出ていることから，当時の評価は正しかったのではないかと思っています．

● SH-1命令セットの策定 ― 16ビット固定長との戦い

SH-1の命令セットは，全てを16ビット固定長にすることを前提としていました．一つの命令のコードの中は，命令の種類を示すOPコード，レジスタ番号指定，イミーディエイト値，ディスプレースメントなど複数のビット・フィールドを盛り込む必要があり，16ビット固定長だと命令種類の数もかなり限定されてしまいます．

そこで採用する命令の種類を厳選するため，H8/500の実際のアプリケーション・プログラムを用意して，その中の命令種類の発生頻度を集計しました．発生頻度が高い命令ほど，少ないビット長のオペコードを割り当てても（その命令が占めるOPコード空間を広くしても）よいとしました．

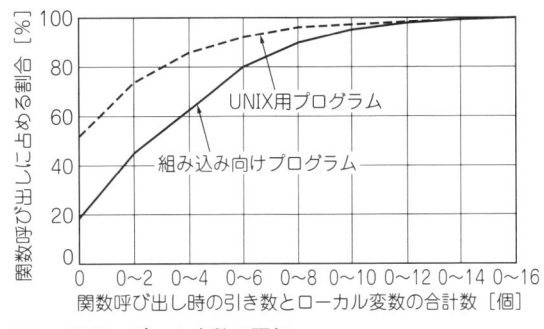

図1 汎用レジスタ本数の評価
出典：開発ストーリ「SHマイコン開発」第3回，日経エレクトロニクス，1997年8月18日号，pp.155-158

16ビット固定長に収める上で最も悩んだのが，定数値を汎用レジスタに格納する命令（イミーディエイト値ロード）です．汎用レジスタのビット長は32ビットであり，その32ビット長のデータをどうやって16ビット固定長命令の中で用意するのでしょうか．

まず，16ビット長命令の中に8ビットのイミーディエイト値を入れて，それを4回実行して32ビット汎用レジスタの上位から下位に向けて格納していく方法が提案されました．

しかしこれだと32ビット値（4バイト）をロードするのに命令8バイトが必要になります．また実行時間も最低でも4サイクル必要であり，あまりきれいな策ではないという意見が大多数でした．

最終的には，図2のようにプログラム・カウンタPC（自命令のアドレス位置に対応）に対してディスプレースメント値を加えたアドレスで指定されたメモリから32ビット・データをロードして汎用レジスタに格納する方法としました．これだと1命令で処理が終わるため実行時間も短く，かつ32ビット値（4バイト）をロードするのに命令2バイト＋データ4バイトの合計6バイトですみます．定数値をメモリ上に置くので，別の命令からも同じデータをロード（再利用）することもできます．

SH-1では既に，今後のアプリケーションとしては

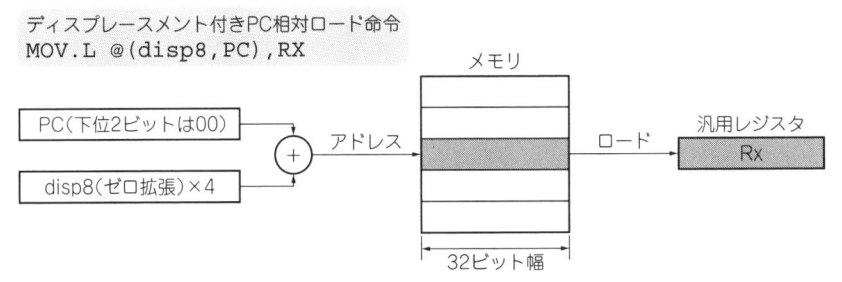

図2 32ビット長の定数を汎用レジスタにロードする命令
disp8を4倍しているのは，32ビットのデータはメモリ上に4バイト・アライメントしておく規定をしているため．

DSP（Digital Signal Processor）的な処理が必須になると考えていたので，高速な積和演算命令を入れました．DSP処理では常識だった飽和演算機能（演算結果が符号付きデータの最小値・最大値をまたぐ場合に，結果を最小値・最大値に張り付かせる機能）も入れました．その後のCPUのトレンドを先んじて取り込んでいたと思います．

除算命令は一般的には引き算とシフト動作の繰り返しのため複数サイクルかかります．SH-1では除算シーケンス内個々の1サイクルですむプリミティブな処理を一つの命令として，それらのプリミティブな除算サポート命令を複数個並べることで除算結果を得るようにしています．除算処理の途中でも割り込みを受け付けることができるので，割り込み応答性を落とさずにすむという効果もありました．

こうして苦労しながら命令コードを割り当てました．SH-1の命令フォーマットを図3に示します．

● SH-1のプログラマーズ・モデル

命令セットの検討と並行しながらCPUのプログラマーズ・モデルを図4のように決めました．

スタック・ポインタSPは，加減算含めた操作が多いので汎用レジスタR15に兼用させました．

ステータス・レジスタSRは条件分岐判断用のTフラグの他に，割り込みレベル，割り算命令の途中結果，積和命令の飽和処理指定などの情報を持ちます．

ベクタ・ベース・レジスタVBRは，例外処理や割り込み処理のベクタ位置を変更できるようにしたものです．ベクタはROMに固定化されるよりはRAM上に置いて変更できるようになっている方が柔軟性が増します．

積和レジスタMACH/MACLは，積和演算結果を格納するレジスタです．MACHは下位10ビットのみが有効で，MACHとMACLを連接して42ビットのレジスタとして使います．

プロシージャ・レジスタPRは，サブルーチン・コール命令を実行したときに戻り先アドレスを格納するレジスタです．サブルーチン・コール命令では通常は戻り先アドレスをスタックに退避しますが，SH-1では戻り先アドレスをPRに格納するだけです．実際のサブルーチン・コールの先頭と最後で，PRレジスタをストア命令とロード命令でスタック領域に退避・復帰する必要があります．もし，そのサブルーチンが他のサブルーチンをコールしていなかったら（末端の枝

No.	命令フォーマット	命令の例
1	op op op op	NOP
2	op Rn Rm op	ADD Rm,Rn MOV.L Rm,@Rn
3	op Rx op op	STS MACH,Rx LCD.L @Rx+,SR
4	op op Rx disp4	MOV.B @(disp4,Rx),R0 MOV.B R0,@(disp4,Rx)
5	op Rn Rm disp4	MOV.L Rm @(disp4,Rn) MOV.L @(disp4,Rm),Rn
6	op op disp8	MOV.L @(disp8,GBR),R0 BT label
7	op disp12	BTA label
8	op Rx disp8	MOV.L @(disp8,PC),Rx
9	op op Imm8	AND.B #imm8,@(R0,GBR) AND #imm8,R0
10	op Rx Imm8	AND #imm8,Rx

図3 SH-1命令セットの16ビット固定長フォーマット
全ての命令を16ビット長に収めている．「op」は命令の種類を示すOPコード．

の葉という意味で，リーフ関数と呼ぶ），PRレジスタをスタック領域に退避・復帰する必要はありません．このような形にしたのは，RISCの思想，すなわちメモリをアクセスする命令をロード命令とストア命令に限定したからです．

最後のプログラム・カウンタPCは皆さんおなじみのものですね．

● 「ヘネパタ」本推奨のパイプライン

「ヘネパタ」本では，RISCプロセッサのパイプライン段数は図5(a)のように5段を推奨していました．命令個々の処理ステージを5段に分けて，個々の命令の各ステージをずらして実行してくことで高速化を図る手法です．1個の実行に全体で5サイクルかかる命令を瞬間的に5個同時処理する形にして，1命令当たり1サイクルで実行できるようにします．

ステージは下記の五つから構成されます．
① F（命令フェッチ）：命令メモリから命令コードを取り込む．
② D（命令デコード）：取り込んだ命令をデコードして処理内容を決める．
③ E（命令実行）：デコード結果に応じて命令実行（汎用レジスタ間演算，メモリ・アクセス先のアドレス計算など）．
④ M（メモリ・アクセス）：ロード命令の場合はメモリ・リード．ストア命令の場合はメモリ・ライト．

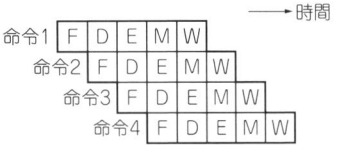

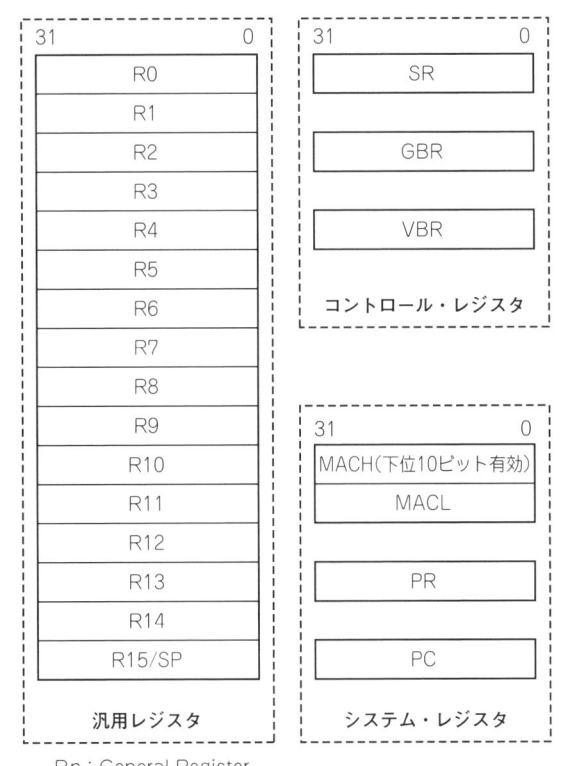

図4 SH-1のプログラマーズ・モデル

Rn : General Register
SP : Stack Pointer
SR : Status Register
GBR : Global Base Register
VBR : Vector Base Register
MACH : Multiply and Accumulate Register(High)
MACL : Multiply and Accumulate Register(Low)
PR : Procedure Register
PC : Program Counter

図5 SH-1のパイプライン構造

(a) 基本パイプライン構造（5段）
(b) ALU命令
(c) メモリからロード命令
(d) メモリへのストア命令
(e) 無条件分岐命令（遅延分岐）
(f) 条件付き分岐命令（非遅延分岐）

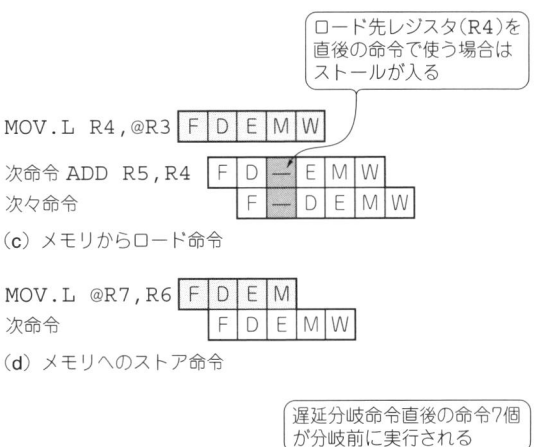

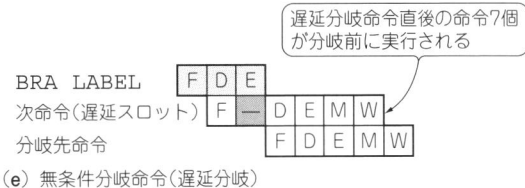

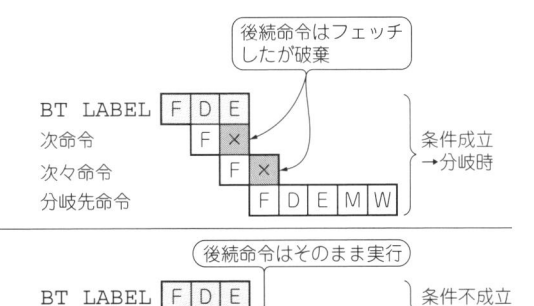

⑤W（ライト・バック）：演算結果およびメモリ・ロード値を汎用レジスタに戻す．

「ヘネパタ」本が対象にしていたCPUはワークステーション用であり，メモリ・アクセスでフォールト（アクセス異常やアクセス権限違反など）があると命令実行をやめて，CPU状態をその命令実行前に戻して例外処理を実行します．このため，汎用レジスタ間だけで完了する演算でも，メモリ・ロード命令でも，命令実行結果を汎用レジスタに格納する最後の処理はWステージで行って，フォールト発生時にCPU状態を元に戻しやすくしています．

このパイプライン形式だと，ある命令がWステージで汎用レジスタに格納しようとしていた演算結果を直後の命令のEステージで使おうとした場合，直後の命令実行を遅らせないようにするため，演算結果を専用のバイパス経路で直後の命令のEステージに渡す仕組み（フォワーディング）が必要になり，かなり複雑な構造になります．

● SH-1のパイプライン構造の決定

SH-1のパイプラインも基本的には「ヘネパタ」本と同様に5段です．ただし，SH-1は組み込み用のCPUであり，例外処理要因があっても，それを検出するだけでよいと考えました．ワークステーション用のCPUとは異なり，命令実行途中でエラーがあってもCPU状態を命令実行前に戻す必要がありません．このため，汎用レジスタ間で完了する演算処理はEステージのみで実行するようにして，Eステージ内で演算結果を汎用レジスタに書き戻すようにしました［図5(b)］．

原則として，パイプラインとして5段まで消費するものはメモリからのロード命令のみです［図5(c)］．ストア命令はメモリに書き込めば終わりなので4段で完了します［図5(d)］．

● SH-1の分岐命令のパイプライン

無条件分岐命令は，遅延分岐としました［図5(e)］．分岐命令内で分岐先アドレスを決定できるのはEステージであり，その後に分岐先命令のFステージを発行できます．このため，普通にパイプラインを流すと，分岐先命令のFステージの前に2命令分のFステージが入ります．RISCアーキテクチャには，このフェッチしてしまった命令をそのまま捨てるのがもったいないので，そのまま実行してしまおうという考え方があります．オーバラン・フェッチして取り込んだ命令を実行してから実際の分岐処理が行われるように見えるので，この方式を「遅延分岐」と呼びます．遅延分岐命令直後にオーバラン・フェッチされて実行される命令の位置を遅延スロットと呼びますが，この遅延スロットに効率的に命令を押し込むのはCコンパイラの役目です．しかし遅延スロットに常に2命令も押し込むのは困難で，単にNOPを入れるケースが増えてコード効率を悪化させる懸念があるため，遅延スロットの個数は1命令にしました．図5(e)のように遅延スロットの命令のFステージ直後にストールを設けて1サイクル分のウェイトを入れて対応しています．

条件付き分岐命令は，遅延分岐にはしませんでした［図5(f)］．分岐の仕方がループ型かスキップ型かなどに依存しますが，無条件分岐だと飛び先にある1命令を遅延スロットに置くだけでよいケースが多いので，わりと簡単に最適化できます．条件付き分岐命令だと，分岐するケースと分岐しないケースがあるので，遅延スロットにうまく命令を押し込むのが難しくなります．分岐するとき遅延スロット命令を実行して，分岐しないときに遅延スロット命令をスキップするなどの切り分けをする手もありますが，SH-1では複雑になることを避けて，条件付き分岐命令は遅延分岐にはしませんでした．このため条件付き分岐命令で条件が成立して分岐実行されるときは，後続の2命令分はフェッチするものの破棄します．

その他，積和演算命令など一部の命令のパイプラインは5段には限らず，もう少し段数が多いものがありますがここでは説明を省略します．

● 自作したパイプライン・シミュレータ

パイプライン構造を決める際に，幾つかの案があったのですが，それらが実際にどういう性能になるのかを評価する必要がありました．そのため，命令列とパイプラインの動きをシミュレーションするツールを自作しました（図6）．それを使って，性能と論理構造のトレードオフを図ってパイプラインの詳細な動作仕様を決めたのです．ここにも「ヘネパタ」精神が生きていたと思います．

このパイプライン・シミュレータはその後も発展させて，ラベルを使える2パス・アセンブラとデバッガを兼ね備えたパイプライン命令シミュレータに仕上げました．CPUコア開発の初期は，当然Cコンパイラもアセンブラもありませんので，大変重宝しました．

CPUコアの論理検証の際には，ゴールデン動作モデルとしても活用し，命令実行サイクルが実物とぴったり同一になっていました．

拡販部隊の教育に使ったり，顧客に提出して性能評価用に活用いただいたこともあります．誰も気が付いていないかもしれませんが，CQ出版のSH-2基板付きの雑誌のCD-ROMにこっそり入れたこともあります．

SH-1製品化への歩み

● SH7032とSH7034の2品種同時開発

　SH-1開発当初は世に出す製品としては，まず単体CPUだけリリースしようか，という話もありました．しかし，それでは誰も使わないという反対意見が多く，しっかり周辺機能も入れたMCUとして完成させることにしました．しかも，SH7032とSH7034の2品種をほぼ同時に並行開発しようというチャレンジングな計画にしたのです．

　SH7032とSH7034のブロック図を**図7**に示します．

```
Sherry2>help
-------------------------------------------------------
Sherry Help : Address or data must be specified by hex (need not H')
-------------------------------------------------------
[1] General            --- Q     A     H
[2] Assembler          --- ASM   DA
[3] Data in Memory     --- ML    MC    MD    ME
[4] Cycle of Memory    --- MCI   MCD   MCY
[5] Simulation         --- G     PP    RESET RESETM S
[6] Break Point        --- BS    BD    BC    BR    BI    BE
[7] Register           --- RC    RR    RW
[8] I/O Trap Number    --- TN
[9] Others             --- EX    MODE  TYPE
.....HELP number(or class), for more information.
-------------------------------------------------------
Sherry2>asm test.src test.lis test.mot
-------PASS = 0
-------PASS = 1

-------Total Warning = 0
-------Total Error   = 0
Sherry2>ml test.mot         ●バイナリ・ファイルをメモリにダウンロード
Sherry2>da 1000 1011
-00001000 E000    MOV      #0,R0
-00001002 D404    MOV.L    @(4,PC),R4
-00001004 E300    MOV      #0,R3
-00001006 6145    MOV.W    @R4+,R1
-00001008 7001    ADD      #1,R0
-0000100A 331C    ADD      R1,R3
-0000100C 880A    CMP/EQ   #A,R0
*0000100E 8BFA    BF       FA
-00001010 0009    NOP
Sherry2>md 2000 201f
00002000 00 00 00 01 00 00 00 02 00 00 00 03 00 00 00 04
00002010 00 00 00 05 00 00 00 06 00 00 00 07 00 00 00 08
Sherry2>go 1000
  Count EXstep --Adrs-- Code -----------Pipeline-----------     ----DisAsm----
 000001 000003 00001000 E000 FDE                              : MOV      #0,R0
 000002 000005 00001002 D404  fDEMW                           : MOV.L    @(4,PC),R4
 000003 000006 00001004 E300   FD<E                           : MOV      #0,R3
 000004 000007 00001006 6145    f<DEMW                        : MOV.W    @R4+,R1
 000005 000009 00001008 7001    <FD<E                         : ADD      #1,R0
 000006 000010 0000100A 331C     f<DE                         : ADD      R1,R3
 000007 000011 0000100C 880A      <FDE                        : CMP/EQ   #A,R0
 000008 000012 0000100E 8BFA       fDEEE                      : BF       FA
 000008 000000 00001010 0009        F                         :
 000008 000000 00001012 0000         f                        :
 000009 000015 00001006 6145         FDEMW                    : MOV.W    @R4+,R1
 000010 000017 00001008 7001          FD<E                    : ADD      #1,R0
 000011 000018 0000100A 331C           f<DE                   : ADD      R1,R3
 000012 000019 0000100C 880A            <FDE                  : CMP/EQ   #A,R0
 000013 000020 0000100E 8BFA             fDEEE                : BF       FA
 000013 000000 00001010 0009              F                   :
 000013 000000 00001012 0000               f                  :
   .      .       .      .                 ...                ...
   .      .       .      .                 ...                ...
   .      .       .      .                 ...                ...
```

●コマンド一覧
・デバッグ機能を完備

●アセンブラ
・ラベル対応2パス・アセンブラ
・S-Formatバイナリ・ファイルを生成

●逆アセンブラ

●メモリ・ダンプ

●命令パイプラインシミュレーション

図6　パイプライン・シミュレータ「Sherry」の実行画面

「Sherry」とはSH micro controllER development tool foR goof Yield programの略．Macintosh 漢字Talk6.0上のTHINK C（旧Lightspeed C）で開発．2パス・アセンブラとデバッガを兼ね備えたパイプライン命令シミュレータ．標準Cで書いたので，パソコンやワークステーションなど多くのプラットホームに移植して活用した．

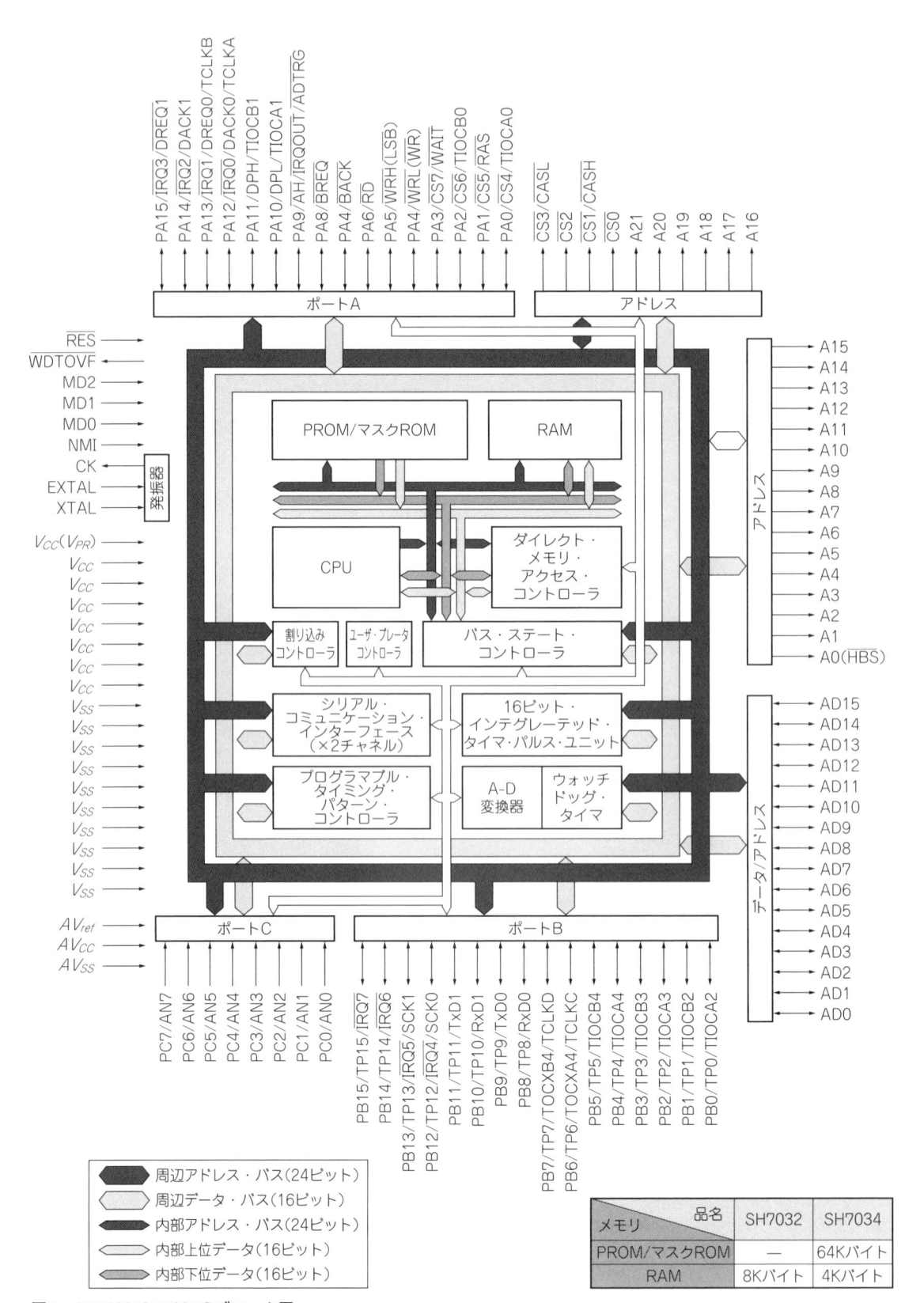

図7 SH7032/SH7034のブロック図
当時としてはかなり高性能・多機能なMCUとして仕上げていた．

メモリ	品名	SH7032	SH7034
PROM/マスクROM		—	64Kバイト
RAM		8Kバイト	4Kバイト

SH7032は，SH-1 CPU，RAM（8Kバイト），DMAC（Direct Memory Access Controller），外部バス・インターフェース，タイマ，シリアル通信，A-D変換器などを内蔵するMCUで，ROMレス品としました．

SH7032はデバッグ用チップの機能も兼ね備えていました．現在では一般的なJTAG信号や2線シリアル信号によるデバッグという発想はまだなく，内部バスを外部に引き出したデバッグ専用チップを用意して，ICE(In Circuit Emulator)に搭載してターゲット基板上のチップの代わりに動作させて内部状態をモニタするようにしていたのです．SH7032は，同一のダイを，ユーザ向けにはQFP(Quad Flat Package)，ICE向けには多ピンのBGA(Ball Grid Array)に封止しました．

SH7034は，内蔵RAMを4Kバイトにして，ROMを64Kバイト内蔵しました．ROMの種類はEPROM(Erasable Programmable Read Only Memory)ですが，紫外線消去用の窓がないパッケージに封止するので，1回だけ書き込めるOTP(One Time Program)型です．当時の日立はこの方式を，ユーザの手元でROMライタですぐにプログラムを書き込めるZTAT(Zero Turn Around Time)マイコンという名称にして，大々的に拡販していました．

● DRAMを高速外部メモリに使う発想

SH7032/SH7034は，外部バス・インターフェースを内蔵して，チップ外部にROM，RAM，I/Oデバイスを拡張できるようにしていましたが，開発の早い段階でDRAM(Dynamic Random Access Memory)インターフェースを入れることにしていました．当時のDRAMは既に高速ページ・モードを持っており，1回ロウ・アドレスを与えた後は，同一ロウ・アドレス領域内であれば，カラム・アドレスだけを高速に切り替えて1サイクル周期でアクセスできるため，高速な外部メモリとして使うことができました．

● 苦労した設計作業

2品種同時開発という状況もありましたが，当時の設計作業はかなり苦労しました．今では当たり前なハードウェア記述言語(Verilog HDLなど)による論理合成ツールはなく，基本的には人間によるゲート設計が主体です．大型計算機の上で動く組み合わせ回路専用の論理合成ツールはあり，大きな真理値表などに適用しましたが，使いやすいものではありませんでした．論理シミュレーションも大型計算機の上で実行しますが，ちょっとしたものであっても，バッチ・ジョブを投入して他のジョブ終了待ち行列に入り，結果が出るのが明日の朝，という世界です．シミュレーション結果は端末上で波形ビューワで見るのではなく，全部を高速レーザ・プリンタで印刷します．1回の論理シミュレーションで何百枚もの紙を印刷してチェックするわけで，そこら中に分厚い紙の束が積まれていました．ただ感心した点として，高速レーザ・プリンタの印刷スピードは半端ではありませんでした．新聞の輪転機のようなイメージで印刷された紙が排出されるのです．

● ラッチ・ベースの設計

現在の論理設計は，エッジ・センスのDフリップフロップを基本にした1相クロックをベースにしています．これはタイミング設計ツールとレイアウト・ツールの進歩によって，チップ全面にわたってクロック・スキュー(位相ずれ)をほぼゼロに近いところまで合わせ込むことができるようになったからです．しかし当時はこうした設計手法は採れず，クロックとしては2相ノン・オーバラップ・クロックを引き回して，Dラッチを使った設計を行っていました．この方法だとクロック・スキューをさほど合わせ込む必要もなく，かつラッチのタイム・ボローという性質を使えるのでタイミング・マージンを確保しやすいのです．しかし，当時はSTA(Static Timing Analysis)というチップ内のタイミングを網羅的に検証するツールがなかったので，人間の目で見て厳しそうな個所だけSPICEシミュレーションして確認するといった形でしかタイミングの確認ができませんでした．

SH系の当初の製品群では，当時のプロセスの性能を限界まで使うことを強いられたので，試作・量産段階になってからタイミング・マージンや歩留まりで苦労したこともありました．

● 動かなかった13番ウェハ

そうした苦労の末，ようやくSH7032の設計が完了し，前工程ラインから試作ウェハが出てきました．完成したウェハからまず1枚抜いてパッケージに封止してデバッグします．前工程では25枚のウェハを1ロットとして流しているので，完成したロット・ケース内の真ん中の13番ウェハを選んでパッケージに封止しました．いよいよ実装機に載せて動作チェックしますが，ここでいきなり規定動作電源電圧の印加はしません．電源は0Vから少しずつ上げていって，電流を見ながらショートや加熱がないかどうか確認していきます．

しかしここでおかしなことに気付きました．電源電圧-電源電流の関係が完全にオーミック(直線特性)だったのです．並行して外部端子の保護素子のダイオード特性をチェックしていましたが，そちらも単なる抵抗にしか見えないという状況でした．

さて大変，大騒ぎです．SH7032は半導体どころか抵抗器だったです．幹部を含めた早朝会議では，設計面，プロセス面でどこに問題あるのか大至急確認する

ように激が飛びます．

しかしこの騒ぎもすぐに収まりました．念のため別のウェハをもう1枚パッケージ封止してチェックしたところ，半導体としてのダイオード特性が見えたのです．13番ウェハ固有の問題だったということになりました．ほっとした勢いで，その13番ウェハがなぜNGだったのかの解析は結局宙に浮いたままになったと思います．ここで得られた教訓は，「やっぱり13番は不吉な番号だから今後は最初に13番を選ぶのはやめよう」だけでした．

● リセット・スイッチを離す瞬間

さて，ようやくSH7032が設計通りの「マイコン」になっているのかどうかの確認作業が始まりました．時間はだいぶ夜遅く，実験室にはほとんど人がおらず静まりかえっています．

ボード上のEPROMにプログラムを書いて，SH7032をソケットに挿します．プログラムはボード上の8個のLEDに0xAA（2進数で10101010）を表示するものです．

そのとき上長が実験室に入ってきました．
「どう？」
「今からです．」

マイコンの一番初めの動作確認ではリセット・ボタンを離すときが一番どきどきします．まず，リセット・ボタンを押したままにして電源を印加します．異常電流は流れません．水晶発振も問題ありません．いよいよリセット・ボタンを離すときがきました．
「離しますよ．離しますよ．」
「よし，いけ．」

リセット・ボタンから手を離した瞬間にボード上のLEDには0xAAが表示されました．

上長が「どうなったの？」と聞いたので，「あ，CPU動きました」と回答し，二人で「お〜，やったー！」と叫びました．あわてて握手したときの勢いで胸に付けていた名札のプラスチックが割れて飛んでいきましたが…．

世の中から見れば取るに足らない小さなデバッグ風景ですが，この瞬間こそが設計者冥利につきます．

● ド素人集団が挑んだZTATマイコン

SH7032の完成から2〜3ヵ月遅れてSH7034（ZTAT）の試作が完成しました．実は当時のSH-1設計チームは，若手技術者がメインで構成されていて，優秀なベテラン技術者はH8マイコンの設計にかかわっていたのです．H8チームは多くの製品展開を進めており，EPROMを内蔵したZTATマイコンの設計経験が豊富でした．一方のSH-1チームはROMレスのSH7032はどうにか完成させましたが，ZTATマイコンは初めてで，部署内では「あの素人集団にはZTATは無理だろう」なんて言われていました．実際その通り自信はあまりありませんでした．

どうにかこうにかH8をお手本にしながらSH7034のZTATマイコンが完成．これも一発でCPUは動作しホッとしましたが，EPROMへの書き込みができなきゃしょうがない，ということで，まずは実験室で徹夜して，ROMライタに挿せる変換アダプタを自作しました．

ここで使うSH7034は紫外線消去もできるようにフタのないBGAパッケージに入れてあります．BGAソケットの足とDIPソケットの足の間をジュンフロン線（AWG30）で結線します．学生時代にはんだ付けの技を磨いておいてよかったと思いました．

そしてROMライタに自作アダプタを載せ，電源や信号接続が問題ないことを確認してからSH7034の実チップを載せてROMライタを操作します．最初はやっぱり書き込みエラーになります．「ああ，駄目かな」と思いましたが，試しにパスコンをたくさん入れてみたところ，なんと書き込めたのです．このときは実験室には自分一人だけだったので，一人で小さくガッツポーズをしました（ファースト・シリコンで決めたぜ！）．こうしてSH7034もどうにかこうにか完成させることができました．

● 新たなMCU領域を開拓

多くの方のご協力やご努力のおかげで世に出せたSH-1ですが，特にROMを内蔵したSH7034（およびその派生品）は，デジカメ，カーナビ，プリンタ，電子手帳，ハード・ディスク，モータ制御など，高い性能を要求するアプリケーションに幅広く採用されました．当時のカーナビの画像はソフトウェアによる描画処理でしたが，開発者の方から「SH-1はやはり速いですね」と言っていただきました．別のアプリケーションの開発者の方からは「SHはかめばかむほど味が出るマイコンだね」とも言っていただいたこともあります．大変うれしく思いました．

● アキバで見つけたSH

ある日，SH7034がアキバの部品屋（亜土電子）で売られているのを見たことがあります．5,000円くらいと高値が付いていましたが，自分が手がけた石が世の中に浸透しているのを見るのは，これもうれしいものです．

● SHのテレビCM

SHマイコンのテレビCMがあったということはご存じでしょうか．1996年ごろ，日立のCM枠で短期間でしたが流れていたもので，イッセー尾形さんが白衣

姿で「SuperH！ SuperH！」と唱えながら何やら画面の中を移動していくものです．SHを知っている人以外，誰も何のCMだか分からない内容だったろうな，という印象はありましたが，半導体のテレビCMというのは，今でもそうですが，かなりレアものだと思います．

● 感謝

SH-1の開発なんてものは世の中から見れば小さい話ですが，こうした新しい流れを生み出した開発に微力ながらかかわれたことには心から感謝したいと思っています．

その後のSHマイコンの発展

● 家庭用ゲーム機向けプロセッサ型SH-2

SH-1をリリースしたころ，ファミコン以降の家庭用ゲーム機業界の動きが活発でした．そうした中でSHマイコンに着目いただいたゲーム機メーカがあり，そのゲーム機に特化したアーキテクチャを持つマイコンSH-2(SH7604)の開発が始まりました．

ゲームなのでプログラム・サイズは巨大ですからROMは内蔵せず，プログラムは外部メモリに置きます．外部メモリのアクセス性能を向上させるため，SDRAM(SDR)インターフェースを持たせました．当然，キャッシュ・メモリも内蔵しますが，その構造とサイズ(命令・データのユニファイド型，4ウェイ・セット・アソシアティブ，容量4Kバイト)は「ヘネパタ」精神でヒット率と面積のトレードオフを定量的にベンチマークして決めました．

CPUの動作周波数はSH-1の20 MHzから27 MHzに引き上げました．27 MHzにしたのは，ビデオ信号のドット・クロック13.5 MHzを生成するためです．

CPU命令セットも，乗算命令・積和命令の倍精度化や，条件付き分岐命令に遅延分岐型を追加して少し強化してあります．ゲーム機のプログラムで高速化が必要な除算処理については専用のハードウェアを入れました．

ゲーム機のシステム内では性能向上のためこのSH-2を2個並列動作させることにしたので，そのバス・システムのためのサポート機能も盛り込んでいます．

SH7604はキャッシュを持つプロセッサ型のマイコンですが，仮想記憶のような機能は入れていません．

● 組み込み向けMCU型SH-2

SH7604を土台にしてSH-2 CPUができたので，SH7034の後継品種として，ROM内蔵のMCUタイプの製品も続々と開発しました．品種名としてはSH7042，SH7043，SH7044，SH7045，SH7050，SH7051，SH7144，SH7145など，いずれも民生，産業，自動車など非常に多くのアプリケーションで採用されベストセラー・マイコンになったと言っても過言ではないと思います．内蔵ROMの種類はEPROMから，今では当たり前になったフラッシュ・メモリを搭載するようになっていきます．

自動車エンジン制御向けに，SH-2コアへ浮動小数点演算命令を追加したSH-2EというCPUも開発し製品展開しました．

このSH-2シリーズはCQ出版の雑誌に付属されたものもあったので，読者の皆さんも実際に使われたことがあるのではないかと思います．

● Windows CE機向けハイエンド・プロセッサSH-3

1990年代前半に，Apple社がNewtonという携帯情報端末(PDA：Personal Digital Assistant)をリリースしました．CPUはARM610を採用していました．このころから，今のスマホに通ずる携帯機器の花が咲いた感があります．Microsoft社もHPC(Handheld PC)向けのOS Windows CEを発表し，それに対応したSHマイコンの開発を行いました．今度は，仮想記憶に対応したMMU(Memory Management Unit)を内蔵した本格的なプロセッサ型でSH-3シリーズと名づけました．このシリーズのCPU動作周波数は60 MHzから133 MHzと順次性能向上させていきました．

● 高性能ゲーム機向けプロセッサSH-4

SH-2を採用した家庭用ゲーム機メーカから，さらに性能向上したプロセッサの要求があり，SH-4の開発が始まりました．動作周波数は200 MHzで，ベクトル(行列)型の浮動小数点演算命令を追加しています．CPU自体はスーパスカラ型のアーキテクチャを採用し，性能を360 MIPSまで一気に高めました．

SH-4は，その後パイプライン段数を増やして動作周波数をさらに向上させたSH-4Aに発展していきます．現在もカーナビ向けプロセッサとして幅広く採用されています．

● 高速演算機能内蔵のSH2-DSP，SH3-DSP

SHマイコンはSH-1の時代から積和演算命令を持ちDSP的な志向でしたが，さらに本格的にDSP処理性能を向上させるため，大幅に命令追加したシリーズも展開しました．コントローラ向けにSH2-DSP，プロセッサ向けにSH3-DSPをリリースしました．

SH3-DSPシリーズは，SoCプラットホームとして整備され，その後の携帯電話用のSH-Mobileシリーズに展開されていきます．

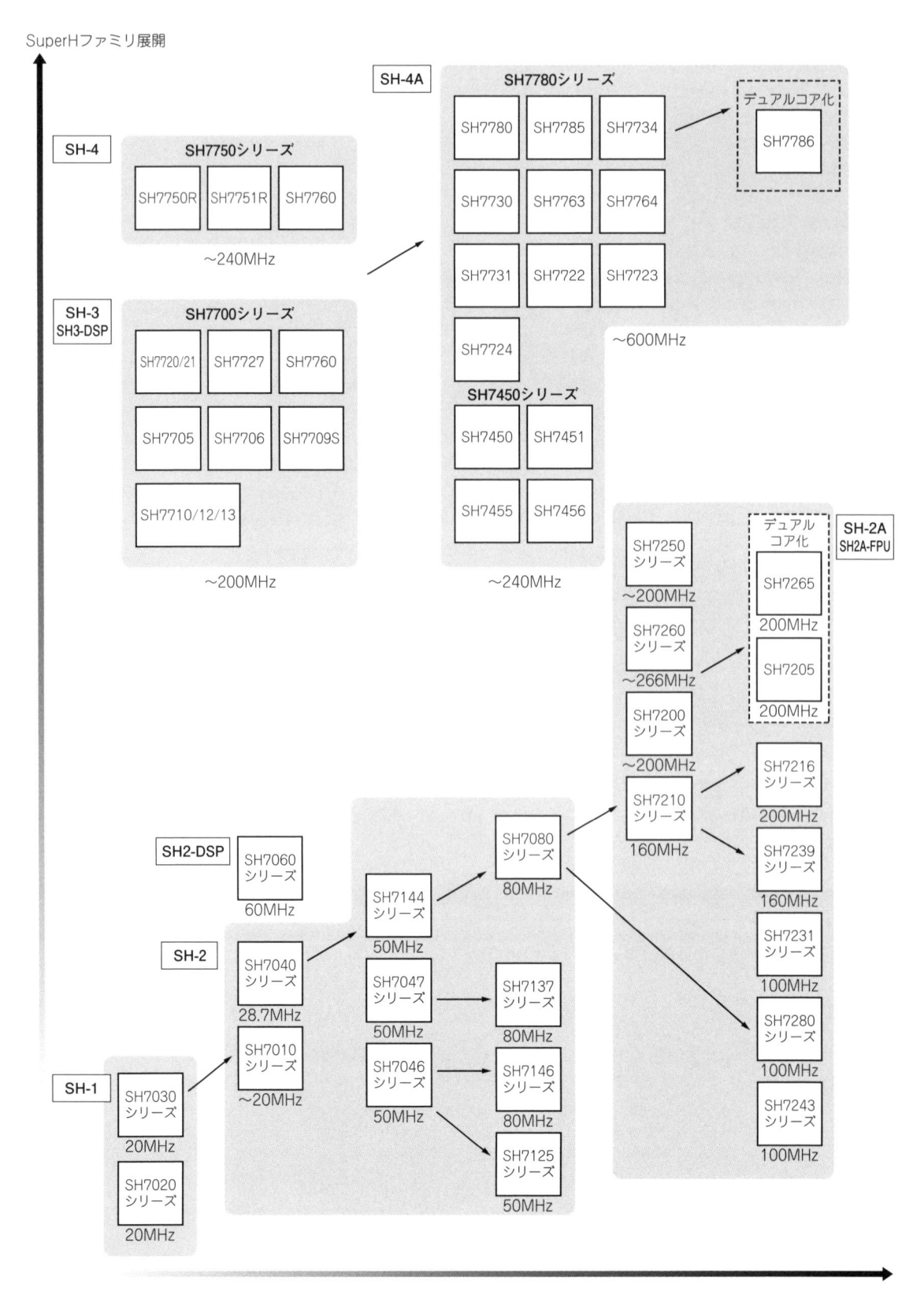

図8 SHファミリ全体
実際の製品はもっとたくさんある．全ての製品を示しているわけではない．

● ちょっと黒歴史なSH-5

日立とSTMicroelectronics社が64ビット・プロセッサとして共同開発したSH-5は，アーキテクチャ的に紆余曲折があり，ビジネス的には黒歴史だったように思います．それ以降，ロードマップ上にはSH-6などの名前もありましたが今では消えています．

● 高性能組み込み向けSH-2A

2000年を過ぎたころ，コントローラ向けのSH-2系マイコンに，特に自動車エンジン制御分野から，もっとコード効率が高く，かつ性能も高いCPUコアの要求が強まってきました．顧客からは「SHアーキテクチャで展開してくれ」というありがたいお言葉があり，SH命令体系をあらためてしっかり見直してみることにしました．

コード・サイズのベンチマークをした結果として見えたのは，やはりSHを16ビット固定長にしたことによる弊害，すなわちイミディエイト値のロード命令です．SH-1以降，PC相対アドレッシングでメモリからロードする方式を採っていましたが，これがコード・サイズを改善できない要因の一つでした．その結果として，32ビット長の命令も採用することにしました．16/32ビット長命令混在型の命令セットの誕生です．

さらに性能向上のために，コントローラ系マイコンでありながら，スーパスカラ・アーキテクチャを採用したのです．また割り込み発生時のレジスタ退避・復帰時間を減らすため，レジスタ・バンクを取り入れました．もちろん浮動小数点演算命令もサポートしています．動作周波数も200 MHzと高速です．

SH-2Aは，当初からSoC用プラットホームとして開発し，自動車エンジン制御用マイコンから，産業用・民生用マイコンに至るまでさまざまな展開製品のコアとして使われています．

● 現在のSHファミリ展開

SH-1から20年以上の時を経て，SHマイコンはさまざまな製品展開を進めてきました．そのSHファミリ全体を図8に示します．

◆参考・引用*文献◆

(1) John L. Hennessy, David A. Patternson ; Computer Architecture A Quantitative Approach, Forth Edition, Morgan Kaufmann, 2007.
(2) 開発ストーリ「SHマイコン開発」，第1回，pp.129-132，日経エレクトロニクス，1997年7月14日号．
(3) 開発ストーリ「SHマイコン開発」，第2回，pp.109-112，日経エレクトロニクス，1997年7月28日号．
(4) 開発ストーリ「SHマイコン開発」，第3回，pp.155-158，日経エレクトロニクス，1997年8月18日号．
(5) 開発ストーリ「SHマイコン開発」，第4回，pp.107-110，日経エレクトロニクス，1997年9月1日号．
(6) 開発ストーリ「SHマイコン開発」，第5回，pp.147-150，日経エレクトロニクス，1997年9月8日号．
(7) 開発ストーリ「SHマイコン開発」，最終回，pp.141-146，日経エレクトロニクス，1997年9月22日号．
(8) ルネサス32ビットRISC マイクロコンピュータ，ソフトウェアマニュアル，SH-1/SH-2/SH-DSP，2005年1月(Rev. 7.00)，ルネサス エレクトロニクス．
(SH-1 CPUアーキテクチャに関するマニュアル)
(9) ルネサスSuperH RISC engineハードウェアマニュアルSH-1, SH7032, SH7034, 2006年1月(Rev. 9.00)，ルネサス エレクトロニクス．
(SH7032/SH7034の製品に関するマニュアル)

第2章　SHマイコンの特徴

SHアーキテクチャのさまざまな工夫

圓山 宗智

本章では，現在のSHマイコンに採用されているアーキテクチャの特徴的な部分について概観します．

SHシリーズのCPUコア

SHマイコンのCPUコアはSH-1から始まってその後現在は8種類まで増えています．CPUコアの命令体系を図1に，各コアの比較を表1に示します．

● コントローラ向けCPU

SH-1とSH-2はコントローラ向けCPU，SH-3，SH-4，SH-4Aはプロセッサ向けCPUで，これらの命令は全て16ビット固定長です．

SH-2AとSH2A-FPUは，コントローラ向けSH-2を大幅に強化して命令実行性能やコード効率を大きく改善しています．命令長は16ビット/32ビット混在です．スーパスカラ・アーキテクチャを採用しており，SH2A-FPUはFPU演算命令を持っています．

● プロセッサ向けCPU

プロセッサ向けのCPUは，MMU(Memory Management Unit)を搭載し，マルチタスクOSや仮想記憶などに対応しています．またSH-4系はスーパスカラ・アーキテクチャを採用して命令実行性能を大きく改善し，かつFPU(Floating Point Unit；浮動小数点演算ユニット)も搭載しています．

● DSP機能強化版コア

SH2-DSPとSH3-DSPは，それぞれSH-2とSH-3に対してDSP処理機能を強化したものです．命令長は16ビット/32ビット混在です．

命令実行性能の向上策

● スーパスカラ・アーキテクチャ

通常のCPU(シングル・スカラ)では，CPU命令は一度に一つずつ処理されていきます．パイプライン構成を採っていても，1命令中の異なるステージが同時に処理されているだけで，個々の命令の実行そのものは最速でも1命令当たり1サイクル周期で完了していきます．

スーパスカラ・アーキテクチャを持つCPUでは，図2(a)のように，複数の命令を同時にフェッチして

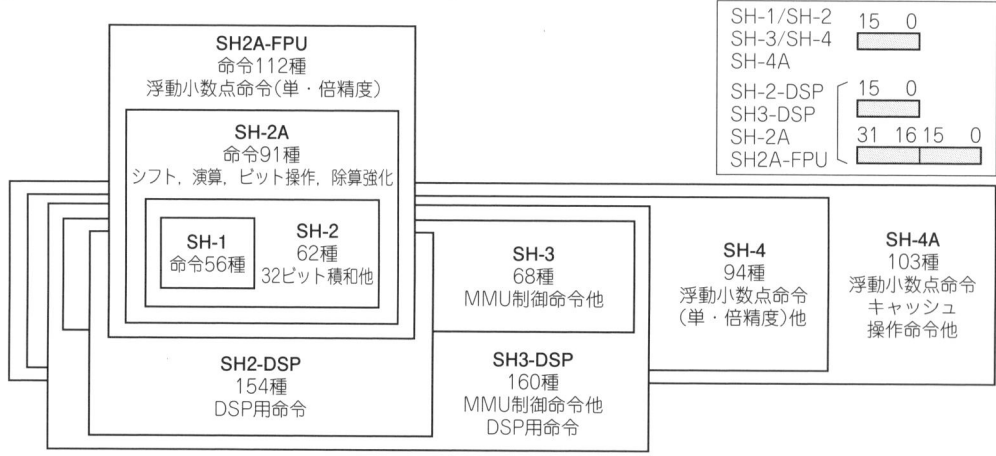

図1　SHシリーズのCPU命令体系
SH-2Aの命令は，SH1とSH2の上位互換である．SH-2の16ビット固定長命令に加えて32ビット長命令を追加している．SH-3からも，メモリ管理ユニットMMU制御命令を除いて上位互換性がある．SH-4Aの命令は，浮動小数点命令他を強化している．

表1 SHシリーズのCPUコア比較

CPU	SH-1	SH-2	SH2-DSP	SH-2A	SH3	SH-DSP	SH-4	SH-4A
命令数	56	62	62 + 92*3	91(112*4)	68	68 + 92*3	94	103
命令語長	16ビット		16ビット/32ビット*1	16ビット/32ビット	16ビット	16ビット/32ビット*1	16ビット	
パイプライン段数	5						7〜8	
スーパースカラ	−	−	−	2way	−	−	2way	
ハーバード・アーキテクチャ	−	−	○*1	○	−	○*1	○	
レジスタバンク	−	−	−	15バンク				
キャッシュ	−	△*5	命令データ混在型	ハーバード型	命令データ混在型		ハーバード型	
FPU	−	単精度*2	−	単精度, 倍精度*4	−		単精度, 倍精度	
行列演算	−							○
DSP機能	−	−	○	−	−	○	−	
乗算器	16ビット×16ビット=32ビット	32ビット×32ビット=64ビット						
MMU	−				○			

*1：DSP命令使用時，*2：SH7055, SH7058のみ，*3：DSP命令，*4：FPU搭載品，*5：一部の製品

同時に実行していくことができます．同種ないしは異種の実行ユニットを複数持って，命令レベルの並列性を上げて性能を向上させる方式です．SH-2A, SH2A-FPU, SH-4, SH-4Aでは，2命令同時実行型のスーパスカラ方式を採用しています．

図2(b)に，SH-2Aのスーパスカラ制御方式を示します．スーパスカラ方式の多く(SH-4系含む)では，整数演算(ALU処理)と分岐処理，FPU処理などの異なる種類の命令だけが同時実行できます．これに対しSH-2Aでは，整数演算ユニットを2個持つことで，ALU演算命令も2個同時に実行可能となっており，より高い命令並列性を実現できるようになっています．

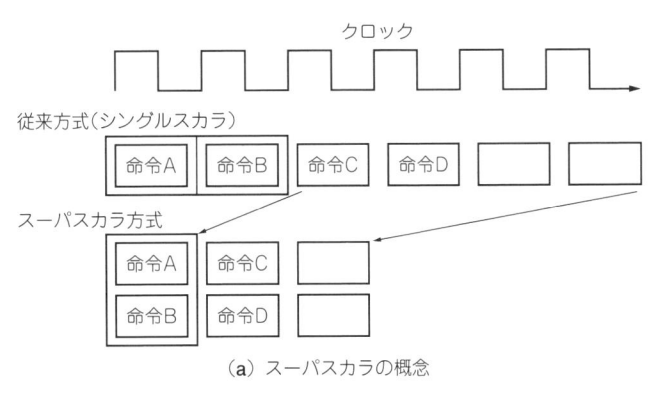

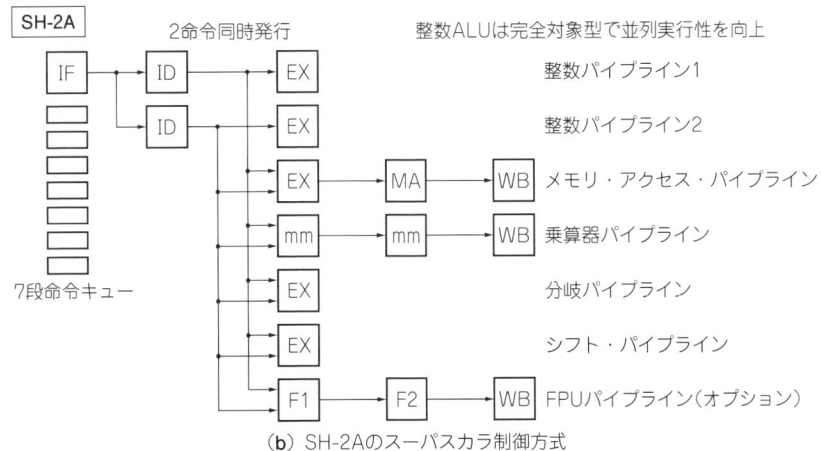

図2
スーパスカラ・アーキテクチャ

(a) スーパスカラの概念

(b) SH-2Aのスーパスカラ制御方式

● パイプライン動作とバス競合

SH-1とSH-2では，命令フェッチ用のバスとデータ・アクセス用のバスは共通です(プリンストン・アーキテクチャ)．そのため命令フェッチとデータ・アクセスは同時に発行できません．競合したときはデータ・アクセスを優先とし，命令・フェッチは待たされます．

ただ，1命令の長さが16ビット固定長で，かつバス幅が32ビットなので，図3に示すように，1回の命令フェッチ(32ビット幅アクセス)で2命令分取り込んでおくことができ，次の命令フェッチ・ステージでバスをアクセスする必要がありません．このため，このタイミングでデータ・アクセスが発生してもバス競合することがありません．例えば，データ・アクセスを伴う命令(ロード命令・ストア命令)を4n番地に置いておくと，そのデータ・アクセスと3命令後の命令フェッチの競合を回避でき，性能向上に寄与させることができます．

SH-2A系，SH-3系，SH-4系のCPUは，命令フェッチ用バスとデータ・アクセス用バスを分離しているので(ハーバード・アーキテクチャ)，図4のように命令とデータのアクセス競合を防止しています．

高性能コントローラ向けコア SH-2Aの工夫

SH-2Aは従来のSH-2に比べて大幅にその実行性能とコード効率を向上させました．図5にそのベンチマークを示します．性能面では約2倍，コード効率も1.2倍〜1.5倍に向上しています．

● SH-2Aの新規追加命令とその効果

SH-2Aの性能向上とコード効率向上には，新規に追加した命令が大きく寄与しています．その効果を表2に示します．

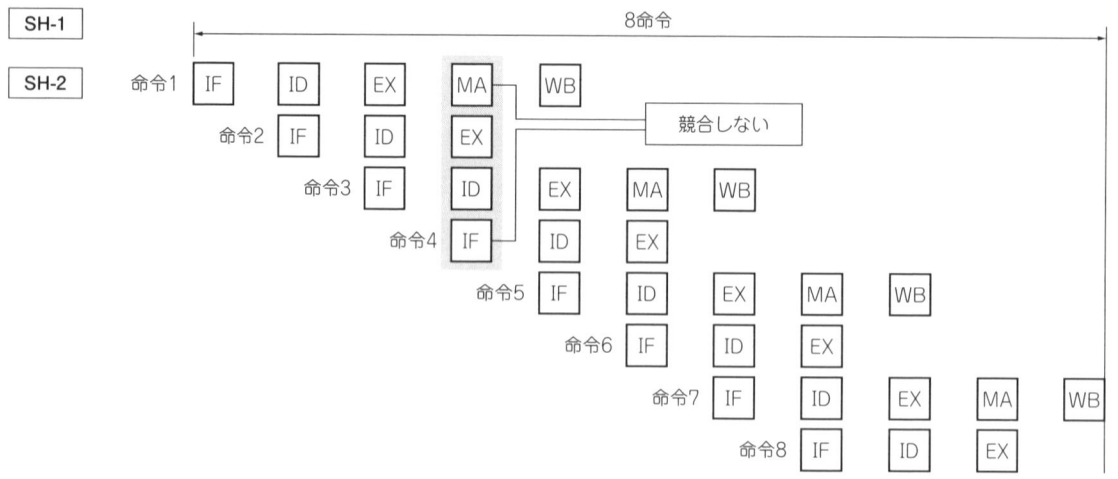

図3 パイプライン動作とバス競合(プリンストン・アーキテクチャ)
内部32ビット・バスにより16ビット固定長の2命令同時フェッチを行うため，メモリ・アクセス(MA)時のバス競合頻度を低下させることができる．

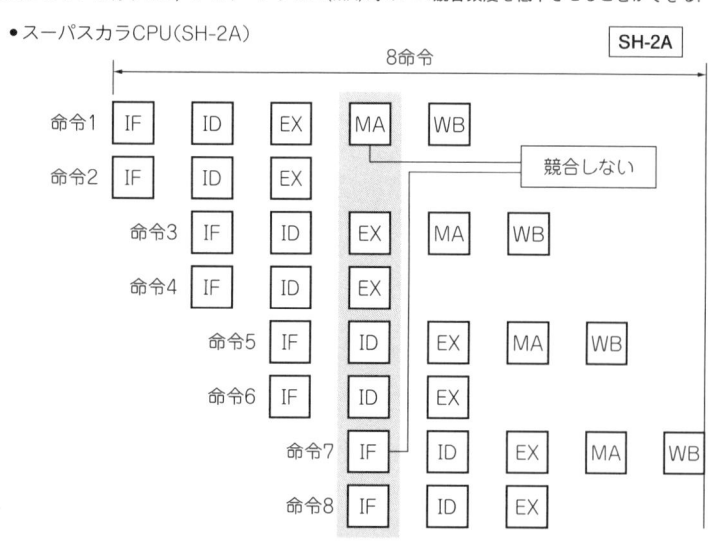

図4
パイプライン動作とバス競合(ハーバード・アーキテクチャ)
命令バスとメモリ・アクセス・バスを分離することにより，32ビット長の命令フェッチ(IF)とメモリ・アクセス(MA)のバス競合を抑止することができる．

SH-2Aの命令実行性能については，スーパスカラ構造を採用したので，それだけでも改善しますが，2並列のスーパスカラの場合，一般的に高々$\sqrt{2}$倍程度しか性能向上しません．SH-2Aでは新規命令の効果によって図5(a)に示したように$\sqrt{2}$倍以上の性能向上を果たしています．

● SH-2の弱点を強化

コントローラ向けの従来CPUコアSH-2が普及するにつれて，ユーザからの改善要求が高まってきました．特にコード効率面で当時の宿敵V850Eに負けていたのです．そこでSH-2の弱点を一気に改善すべくアーキテクチャの見直しに着手しました．

● 32ビット長命令も混在した命令セットへ

SH-2では全ての命令を16ビット固定長に収めるため，イミーディエイト値を汎用レジスタにロードする命令では，ディスプレースメント付きPC相対アドレッシングでプログラム・メモリ上からイミーディエイト値をリードする方法を採っていました．これは決して悪い方法ではありませんが，16ビットを超えるイミーディエイト値をロードする場合，命令コードと定数データの合わせて6バイトが必要になり，命令実行時にメモリ・アクセスを伴うため性能的にも不利でした．

こうしたことから，SH-2Aでは16ビット固定長にこだわることはやめて，16ビット長命令と32ビット長命令を混在させた命令セットにすることにしました．図6にSH-2Aで追加した32ビット長命令フォーマットの例を示します．

● イミーディエイト値ロード命令の強化

そのイミーディエイト値ロード命令の使用例とSH-2との比較を表3に示します．32ビット長命令一つ(4バイト)で20～28ビット長のイミーディエイト値を汎用レジスタにロードできます．

● ビット操作命令の強化

SH-2はコントローラ用途で多用されるビット操作機能が弱く，実行性能とコード効率を落としていまし

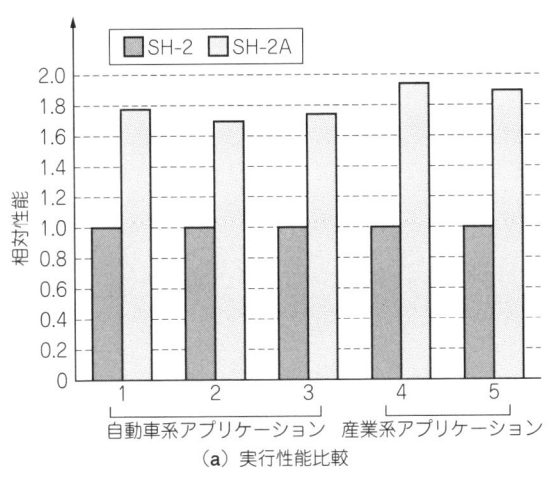

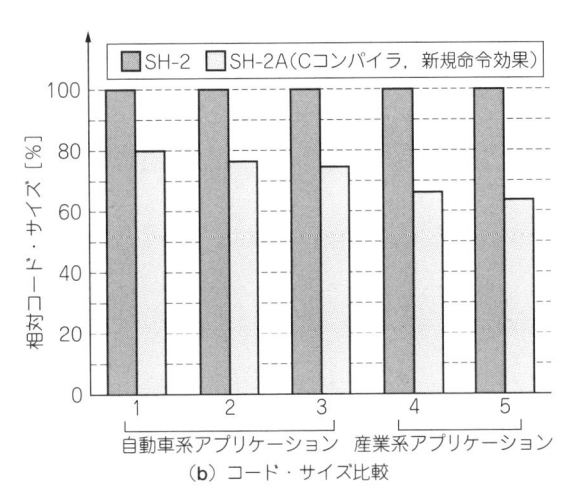

図5 SH-2Aベンチマーク

表2 SH-2A新規命令と効果
実行性能面とコード効率面への寄与度合いを示した．

項　目	内　容	効果 性能	効果 プログラム・サイズ
20～28ビット長即値ロード	32ビット長命令	↑向上	↓減少
12ビットdisp付きレジスタ相対ロード・ストア	32ビット長命令	↑向上	↓減少
ロード・マルチ/ストア・マルチ	複数レジスタの一括退避/復帰	→	↓減少
オート・インクリメント/デクリメント	ポインタの自動インクリメント/デクリメント	↑向上	↓減少
除算命令	32ビット÷32ビット	↑向上	↓減少
乗算命令	演算結果の汎用レジスタへの格納	↑向上	↓減少
飽和演算命令	8ビットまたは16ビットへの丸め込み	↑向上	↓減少
ビット操作命令	メモリ中のビットへの演算/操作	↑向上	↓減少
分岐命令	遅延スロットの削減	→	↓減少
バレル・シフト命令	任意ビット数のシフト	↑向上	↓減少

た．表4に示すように，SH-2Aではビット操作関連命令を強化しました．

● 除算命令の強化

SH-2の除算処理は，SH-1からの伝統を引き継ぐステップ除算方式でした．複数の命令を並べる必要があり，実行性能もコード効率も良くありません．

SH-2Aでは，表5に示すように，除算命令を1命令で処理できるようにしてコード効率を大幅に向上させています．実行サイクルも短縮しており性能面でも有利です．

SH-2までのCPUではステップ除算だったので，除算の実行中も割り込みを受け付けられました．SH-2Aの除算命令は，実行にマルチサイクル必要ですが，その実行中に割り込み要求があった場合，命令実行を中止して割り込み処理にすぐに移行できるようになっています．ただし割り込みから復帰した際は，除算処理はもう一度最初から実行し直します．

● レジスタ退避・復帰命令の強化

サブルーチンや割り込みサービス・ルーチンの入口ではスタック領域へ汎用レジスタを退避し，出口では退避した値をスタック領域から元の汎用レジスタに戻します．

SH-2のレジスタ退避・復帰命令は一つの汎用レジスタだけを対象にしており，複数のレジスタを退避・復帰する場合は，その命令を複数個並べる必要があり，コード効率の低下を招いていました．

SH-2Aでは，表6のように，単一の命令で複数の汎用レジスタを退避・復帰できるようにしました．

● 割り込み応答性能の大幅向上

割り込みが発生したとき，割り込みサービス・ルーチンの先頭で汎用レジスタの内容をスタック領域に退避し，終了時にスタック領域から復帰させます．この際に使用できる，複数レジスタを退避・復帰する命令

```
MOVI20 #imm20,Rn
```

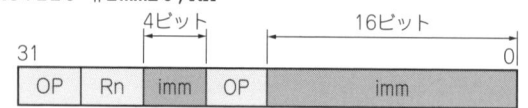

```
 31            4ビット       16ビット            0
┌────┬────┬────┬────┬──────────────────┐
│ OP │ Rn │imm │ OP │       imm        │
└────┴────┴────┴────┴──────────────────┘
```

```
MOV.L @(disp12,Rm),Rn
MOV.L Rm,@(disp12,Rn)
```

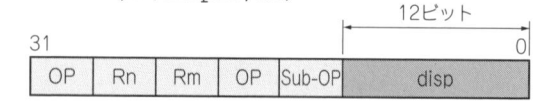

```
 31                            12ビット          0
┌────┬────┬────┬────┬──────┬──────────────┐
│ OP │ Rn │ Rm │ OP │Sub-OP│     disp     │
└────┴────┴────┴────┴──────┴──────────────┘
```

図6 SH-2A 32ビット長命令フォーマットの例
多ビット長のイミーディエイト値ロード命令と，遠距離ディスプレースメントを指定できるロード・ストア命令．

表3 SH-2Aイミーディエイト値ロード命令
20～28ビット長イミーディエイト値ロード．8ビット長を超える定数値を1命令でロードできる．ベース・アドレス生成時に有効．

項目	SH-2	SH-2A
コーディング例	MOV.L #H'FFFF4560,R1(PC相対命令) MOV.L @R1,R1 .DATA.L H'FFFF4560	MOVI20 #H'F4560,R1 MOV.L @R1,R1
オブジェクト・サイズ	8バイト	6バイト
実行サイクル数	2サイクル	2サイクル

表4 SH-2Aビット操作命令
ビット操作命令はレジスタのビット処理，フラグ操作に最適．

項目	SH-2	SH-2A
コーディング例	MOV.L #f,R0 MOV R0,R1 MOV.B @R0,R0 TST #H'01,R0 BT L11 MOV.L #g,R0 MOV.B @R0,R0 BRA L12 OR #b,R0 L11 MOV.L #g,R0 MOV.B @R0,R0 AND #b,R0 L12 RTS MOV.B R0,@R1 .DATA.L f .DATA.L g	MOVI #f-disp,R1;8bitboundary BLD #a,@(f_disp,R1) BST #b,@(g_disp,R1)
オブジェクト・サイズ	36バイト	12バイト
実行サイクル数	－	－

を前述のように1命令化する対策はしましたが，メモリ・アクセス自体は必要なので性能面ではあまり寄与しません．

割り込み要求が発生してから，割り込みサービスとしての本質的な処理に取り掛かるまでの時間を割り込み応答時間といい，リアルタイム性能が重視されるコントローラ用途ではこの割り込み応答性能を向上させることは非常に重要です．

SH-2Aでは，図7に示すように，CPU内の専用ハードウェアとしてレジスタ・バンク領域を持たせました．割り込みを受け付けたときに汎用レジスタなどの値を，このレジスタ・バンク領域に高速に退避できます．割り込みサービス・ルーチンから戻るときも，レジスタ・バンク領域から高速にレジスタ値を復帰できます．この機能により，SH-2Aでは割り込み応答性を大幅に向上させることができました．

● SH-2AはコントローラCPUとしての工夫の塊

ここに紹介した以外にもSH-2Aは多くの工夫を盛り込んで，実行性能とコード効率を大幅に向上させています．その結果として，単位性能当たりの消費電力も低減しています．

SH-2Aは，高性能コントローラ用途に加え，プロセッサ的な製品にも搭載され，幅広く活用されています．SH-2Aに浮動小数点演算機能を持たせたSH2A-FPUというコアもあり，自動車エンジン制御などにも採用されています．

その他のSHアーキテクチャあれこれ

SHアーキテクチャには他にもさまざまな工夫が盛り込まれてきました．その一端をご紹介します．

● DSP機能

SHの命令セットにはもともと積和演算命令があり，DSP的な処理も指向していましたが，本格的なDSPコアには性能面では勝てていませんでした．このDSP機能を強化したのがSH2-DSPとSH3-DSPです．それぞれコントローラ用のSH-2とプロセッサ用のSH-3をベースにしてそのアーキテクチャを拡張しています．

DSP処理については図8に示すように3バス構成を採ることで，演算器へのデータ・フィーディングを効率化して性能を向上させています．

● 行列演算

浮動小数点演算機能を持つSH-4とSH-4Aでは，

表5 SH-2A除算命令
SH-2Aはステップ除算ではない一括命令とし，命令実行中の割り込み受け付けも可能．

項目	SH-2	SH-2A

コーディング例
32ビット÷32ビット
	MOV R2,R3
	ROTCL R3
	SUBC R1,R1
	XOR R3,R2
	DIV0S R0,R1
	.arepeat 32
	ROTCL R2
	DIV1 R0,R1
	.aendr
	ROTCL R2
	ADDC R3,R2
		DIVS R0,Rn

オブジェクト・サイズ	144バイト	2バイト
実行サイクル数	72サイクル	36サイクル

表6 SH-2Aレジスタ退避・復帰命令
複数レジスタのスタック退避・復帰命令を1命令化(関数の出入口でのレジスタ退避・復帰を高効率化)

項目	SH-2	SH-2A
コーディング例 4レジスタ退避&復帰	MOV.L R0,@-R15 MOV.L R1,@-R15 MOV.L R2,@-R15 MOV.L R3,@-R15 .... MOV.L R3,@R15+ MOV.L R2,@R15+ MOV.L R1,@R15+ MOV.L R0,@R15+	MOVML.L(R0-R3),@-R15 .... MOVML.L@R15+,(R0-R3)
オブジェクト・サイズ	16バイト	4バイト
実行サイクル数	8サイクル	8サイクル

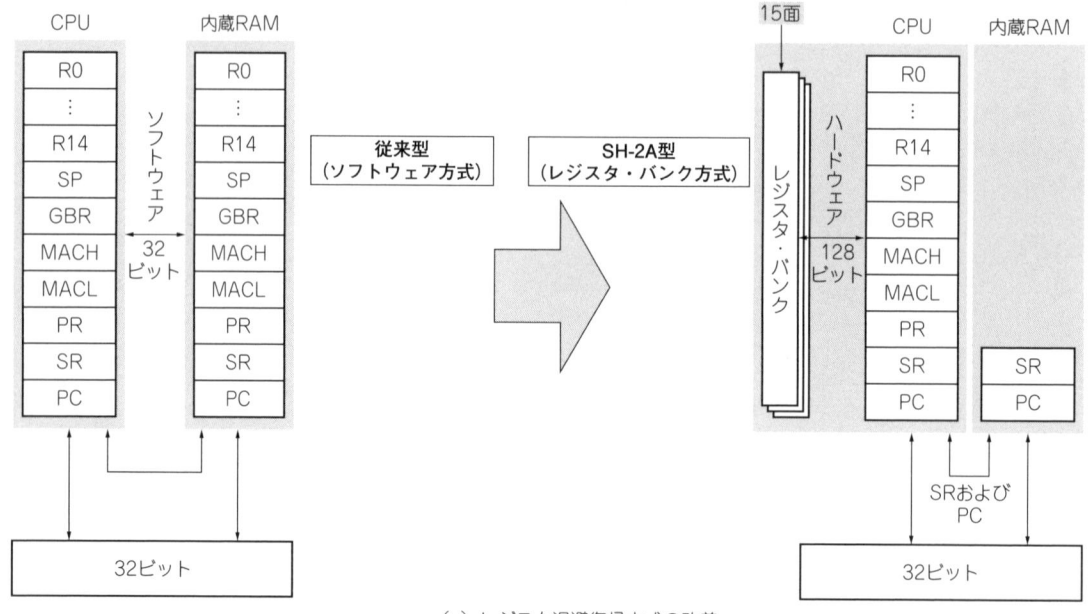

(a) レジスタ退避復帰方式の改善

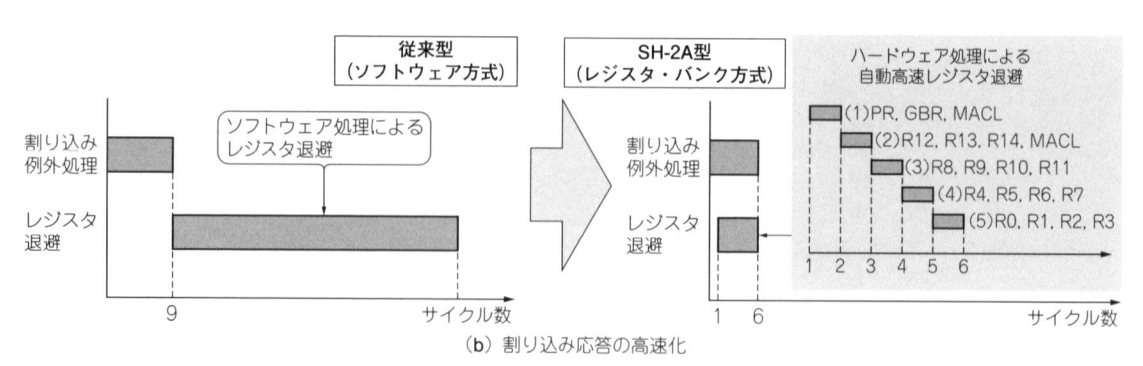

(b) 割り込み応答の高速化

図7 SH-2A割り込み応答高速化
レジスタ退避専用のメモリ(レジスタ・バンク)を各割り込み優先レベルごとに用意.割り込みが発生したときにレジスタ内容を自動的に一括退避することができる.

図9に示すような,3Dグラフィックス処理に好適な行列演算機能があります.チップ上のハードウェア量はかなり多いのですが,非常に高い性能を持っています.

● メモリ管理ユニット

プロセッサ向けのコアは,メモリ管理ユニットを搭載しています(図10).論理アドレスから物理アドレスの変換とメモリ保護を実現しており,仮想記憶やマルチタスク機能を持つOSなどには必須の機能です.

● マルチコア対応

スーパスカラなどミクロな命令レベルの並列化は,その並列度に対する性能向上率がだんだんと飽和していく傾向にあります.このため最近は,比較的シンプルなCPUコアを複数用意して,それらにタスクやプロセスを割り当てて,マクロなレベルでの並列化により高性能化を図るケースが増えています.

図11にマルチコア構成方式の例を示します.

ヘテロジニアス型は,全く異なる種類のCPUを複数用意して,それぞれ異なるアドレス空間を使用し,OS(Operating System)もそれぞれ独立して動作させるものです.それぞれのCPUコアが処理すべき内容(分担)を明確にして,各CPUコアが担当する処理に対して最適なアーキテクチャを採れますので,特定処理に対してシステム性能を最大限に最適化しやすい構造といえますが,汎用性は高くありません.

AMP(Asymmetric Multi Processor)型は,同種のCPUを複数用意して,それぞれのCPU上では異なるOSが動作する形態です.

SMP(Symmetrical Multi Processor)型は,AMP型

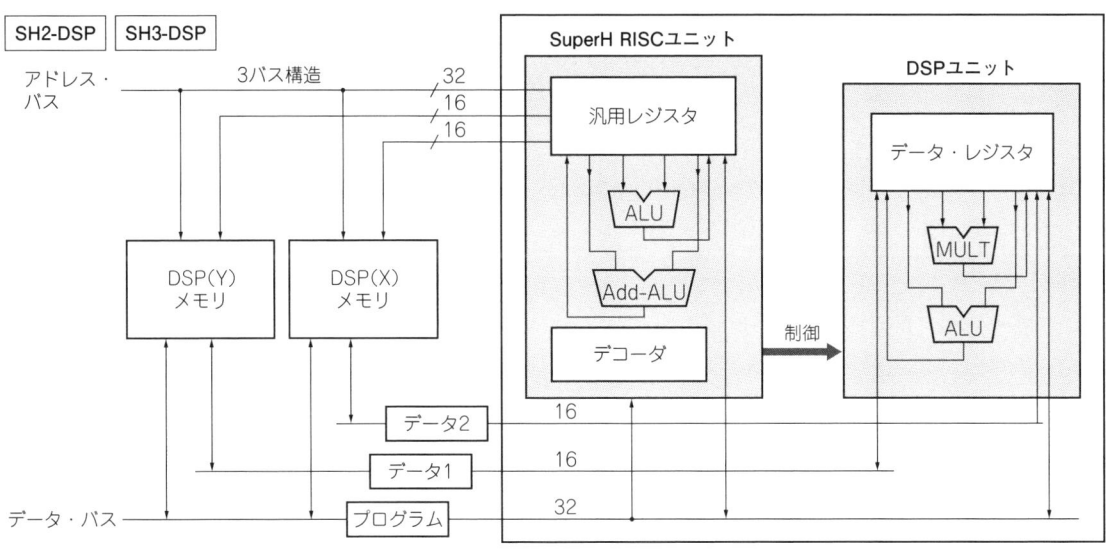

図8 DSP機能
3バス構成で，二つのデータとプログラムの同時アクセスが可能．1クロックで積和演算を実行．

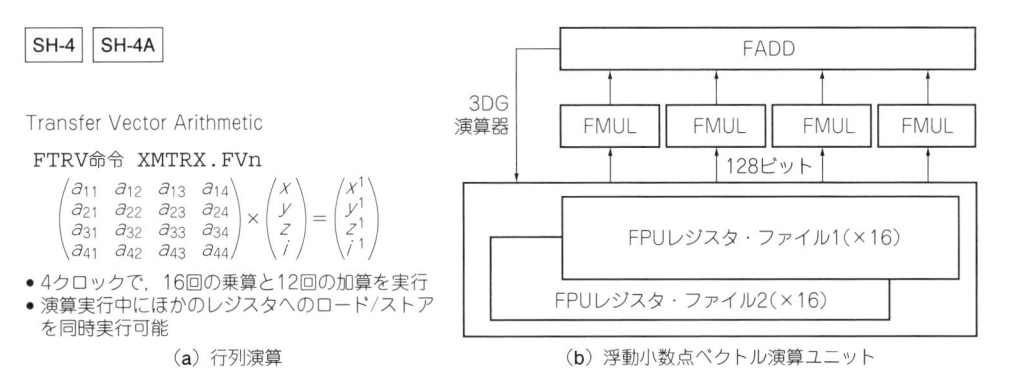

Transfer Vector Arithmetic

FTRV命令 XMTRX.FVn

$$\begin{pmatrix} a_{11} & a_{12} & a_{13} & a_{14} \\ a_{21} & a_{22} & a_{23} & a_{24} \\ a_{31} & a_{32} & a_{33} & a_{34} \\ a_{41} & a_{42} & a_{43} & a_{44} \end{pmatrix} \times \begin{pmatrix} x \\ y \\ z \\ i \end{pmatrix} = \begin{pmatrix} x^1 \\ y^1 \\ z^1 \\ i^1 \end{pmatrix}$$

- 4クロックで，16回の乗算と12回の加算を実行
- 演算実行中にほかのレジスタへのロード/ストアを同時実行可能

（a）行列演算　　　（b）浮動小数点ベクトル演算ユニット

図9 行列演算
4×4行列とベクトルの間の乗算命令により，3Dグラフィック処理の座標演算を高速に実行可能．またこの命令は一般的な積和演算(DSP処理)にも有効．

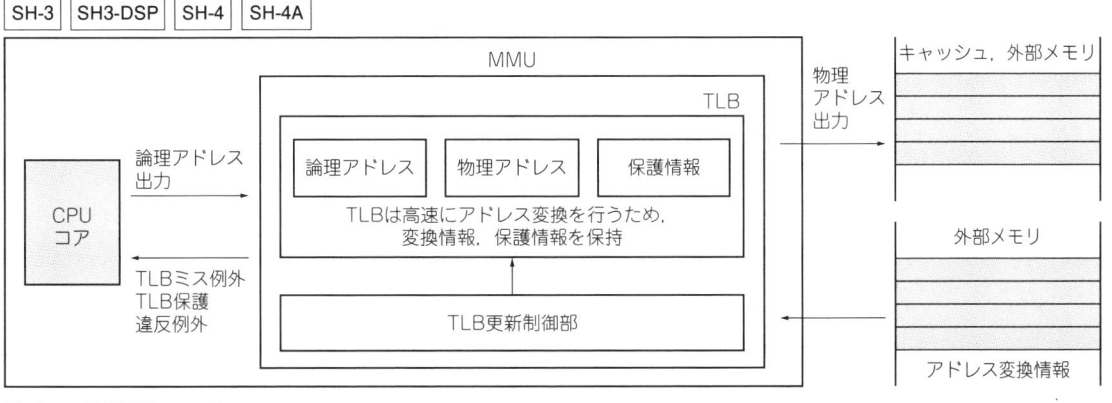

図10 メモリ管理ユニット
MMUは論理アドレスから物理アドレスの変換とメモリ保護を実現．MMU内蔵製品は各種OSに対応可能．

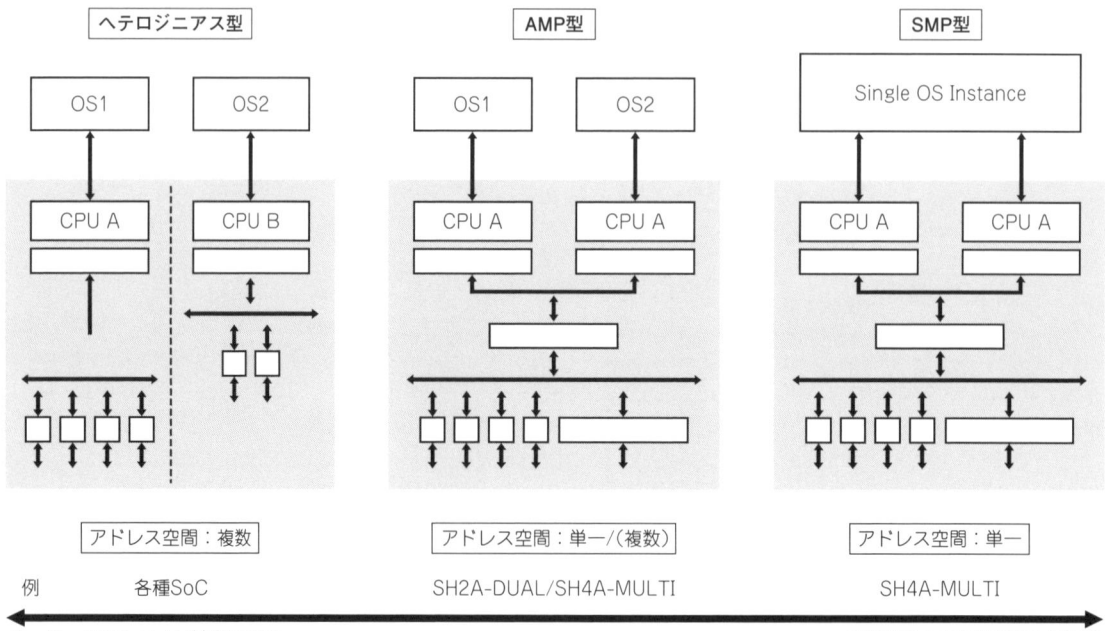

ヘテロジニアス型	AMP型	SMP型
アドレス空間:複数	アドレス空間:単一/(複数)	アドレス空間:単一
例　各種SoC	SH2A-DUAL/SH4A-MULTI	SH4A-MULTI

ハード・リアルタイム対応に好適　　　　　　　　　　　　　　　　　負荷変動のある処理対応に好適

図11　マルチコア構成方式

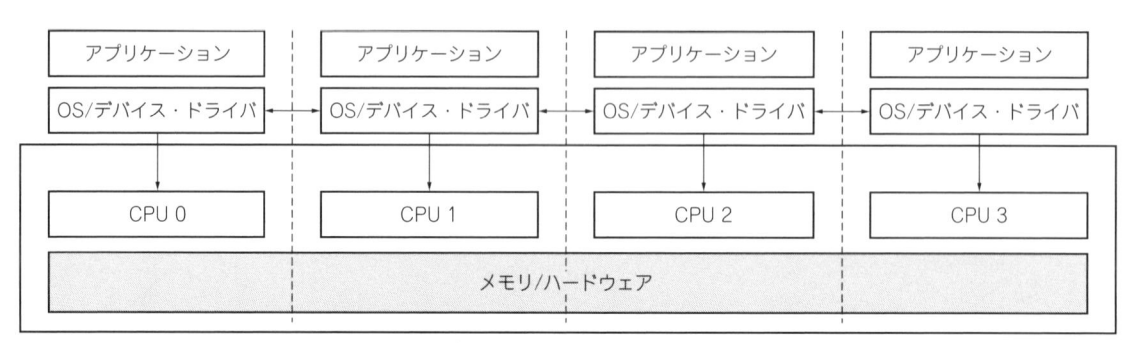

(a) AMP型:機能分散型プログラミング・モデル(SH2A-DUAL/SH4A-MULTI)

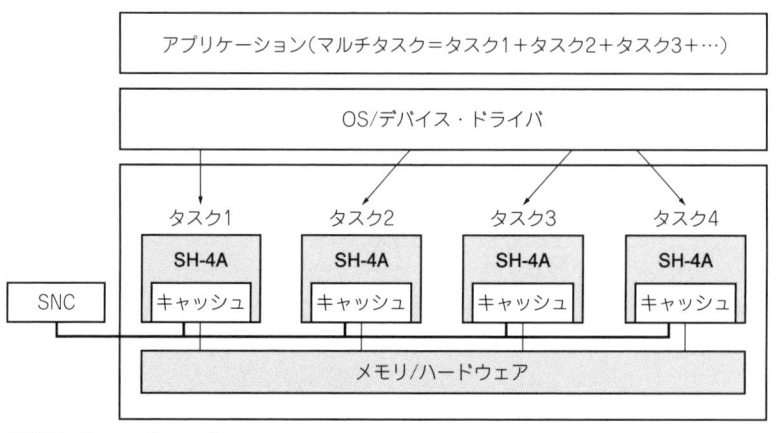

※SNC:Snoop Controller

(b) SMP型:集中型プログラミング・モデル(SH4A-MULTI)

図12　マルチコア・プログラミング・モデル

図13 マルチコア SH2A-DUAL

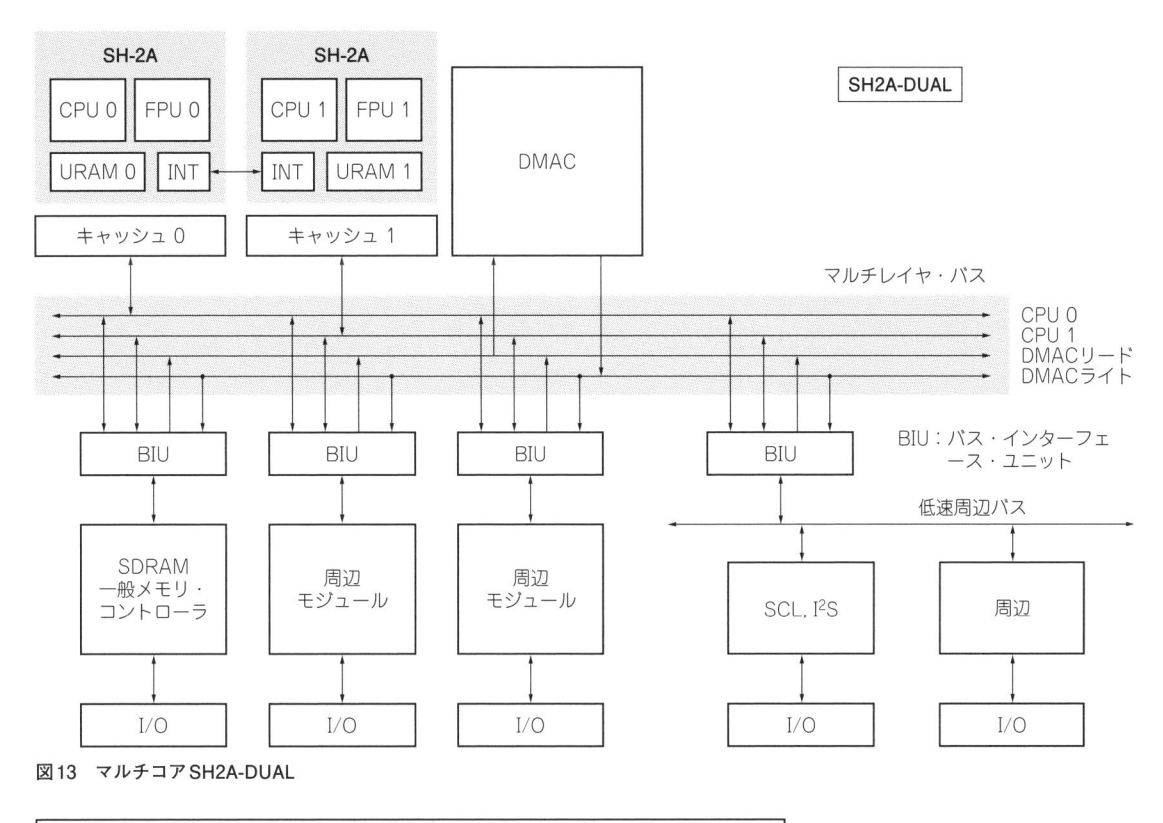

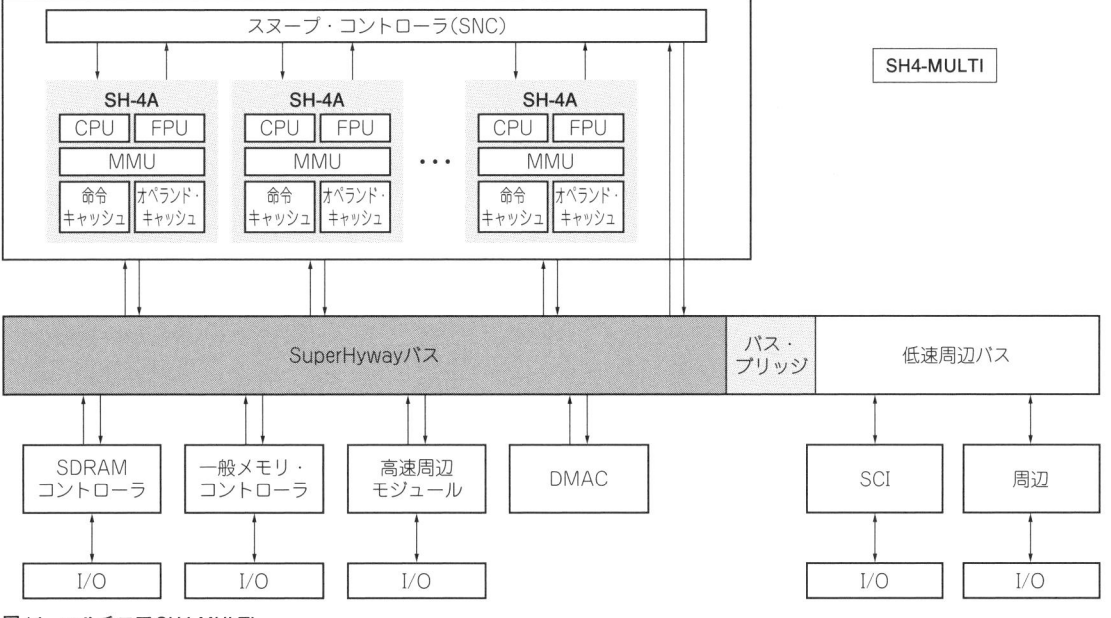

図14 マルチコア SH4-MULTI

と同様に同種のCPUを複数用意しますが，各CPUは同一のアドレス空間を共有し，各CPUの上では共通のOSが動作します．

AMP型からSMP型になるにつれて，汎用的な負荷変動の多い並列化処理に適したものになります．AMP型とSMP型のプログラミング・モデルを図12に示します．

SH-2A系はAMP型のSH2A-DUALアーキテクチャ(図13)，SH-4A系はAMP型もSMP型も構築できるSH4A-MULTIアーキテクチャ(図14)をサポートしています．

SHマイコン活用記事全集

第3章　SHマイコンの現在

SHの幅広い展開品を眺めてみよう
圓山 宗智

本章では，現時点リリースされているSHマイコンの代表的な展開製品をコントローラ系からプロセッサ系まで含めて眺めてみます．

SHコントローラ系の製品

SHコントローラ系製品展開マップを図1に示します．SH-1から始まり，多くの派生品種に進化してきました．

● SH-2系コントローラ製品

SH-2系は汎用マイコンとして非常に多くの製品群が開発されました．図2にその一部を示します．

SH7080シリーズは，80MHzで動作する高速なSH-2をコアに，最大512Kバイトのフラッシュ・メモリを内蔵した汎用マイコンです．周辺機能も汎用的で幅広い分野に応用することができます．

SH7146シリーズ(SH7149)も，80MHzで動作する高速なSH-2をコアにした汎用マイコンです．フラッシュ・メモリは256Kバイト内蔵しています．エアコンやインバータなどモータ制御機器に向いています．FA(Factory Automation)など産業機器で多用されるCAN(Controller Area Network)を内蔵しています．

SH7125シリーズは，別名SH/Tinyと呼ばれ，ローエンド機器に向いたコンパクトなマイコンです．50MHzで動作するSH-2コアと，最大128Kバイトのフラッシュ・メモリを内蔵しています．エアコン，冷蔵庫，洗濯機などの民生家電機器や，ローエンドな産業機器に向いています．

● SH-2A系コントローラ製品

SH-2A系のフラッシュ・メモリ内蔵型のコントローラ製品は動作周波数が100MHz以上と高性能です．図3にその一部を示します．

SH7210シリーズ(SH7211)は，160MHzで動作するSH-2Aコアと，最大512Kバイトのフラッシュ・メモリを内蔵しています．12ビットA-D変換器や8ビットD-A変換器を内蔵しており，CPUの高性能と併せて幅広い応用分野が考えられます．

SH7280シリーズは，100MHzで動作するSH-2Aコアと，最大1Mバイトのフラッシュ・メモリを搭載しています．USB 2.0インターフェースを内蔵しています．

● SH2A-FPU系コントローラ製品

ハイエンド志向なコントローラ製品としてSH2A-FPUをコアに展開したものがあります．図4にその一部を示します．

SH7216シリーズは，200MHzで動作するSH2A-FPUコアと，最大1Mバイトのフラッシュ・メモリ，最大128KバイトのRAMを内蔵しています．通信機能を強化しておりEthernet，CAN，USB 2.0の各インターフェースを内蔵しています．ハイエンドな産業機器に向いています．

SH7239シリーズは，160MHzで動作するSH2A-FPUコアと，最大512Kバイトのフラッシュ・メモリを内蔵しています．CANコントローラを内蔵しており，産業機器に向いています．

SH7231シリーズは，100MHzで動作するSH2A-FPUコアと，最大1Mバイトのフラッシュ・メモリを内蔵しています．CANなどの通信機能に加えて，高速データ受信用LVDS(Low Voltage Differential Signaling)やキー・スキャン・コントローラも内蔵しています．低消費電力サポート機能を強化しており，ハンディ端末などバッテリ駆動機器に適しています．

SH7256Rシリーズは，200MHzで動作するSH2A-FPUコアと，4Mバイトのフラッシュ・メモリを搭載しています．256KバイトのRAMや128KバイトのEEPROMも搭載しています．CANインターフェース，FlexRayインターフェース，高速シリアル・インターフェースなどを内蔵しており，ハイエンドな自動車，産業機器，航空宇宙，医療機器分野などに応用できます．

SH7253シリーズは，SH7256Rを少ピン展開したものです．最大160MHzで動作するSH2A-FPUコアと，最大2Mバイトのフラッシュ・メモリを内蔵していま

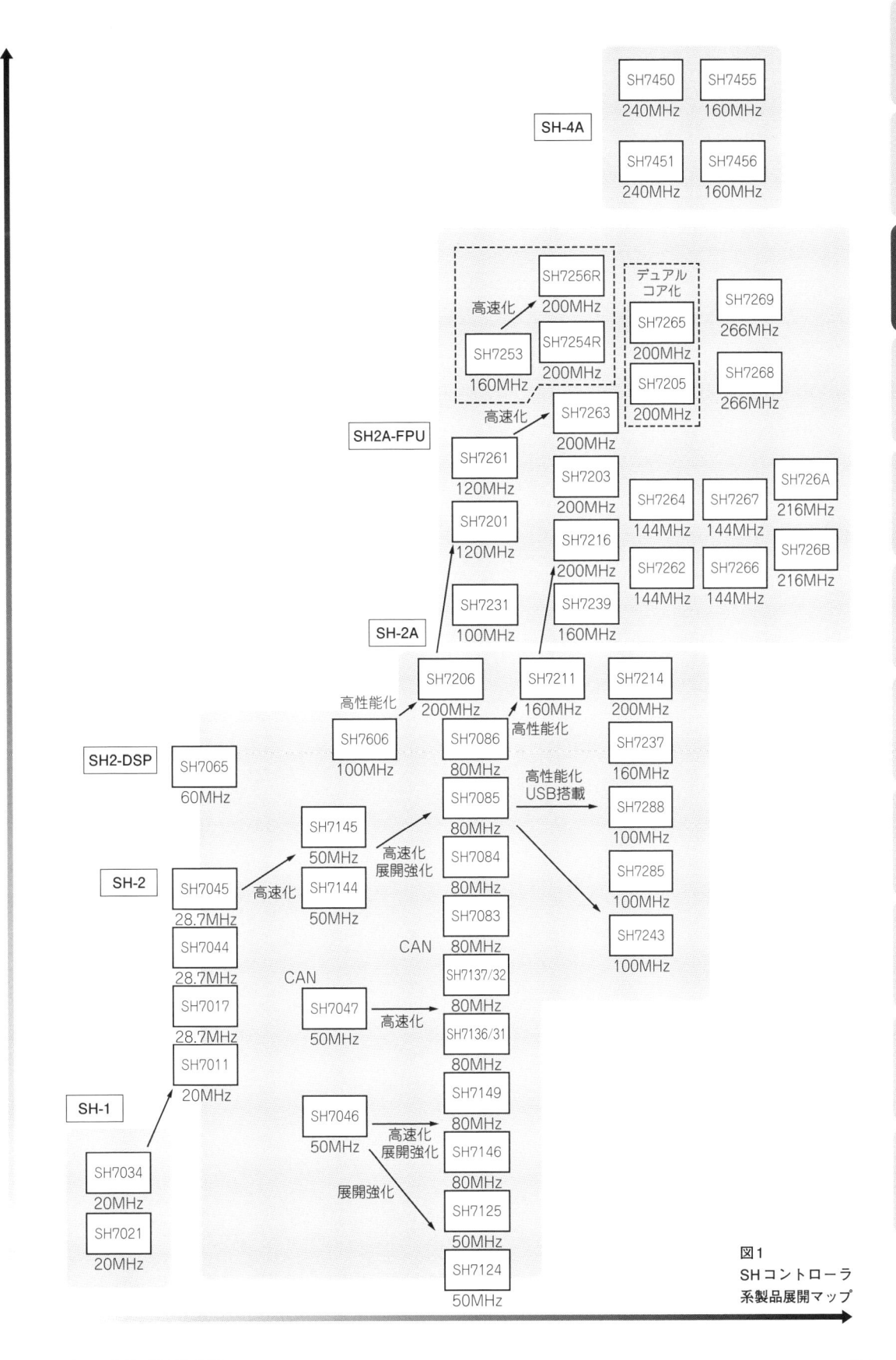

図1 SHコントローラ系製品展開マップ

● SH7080(80MHz)

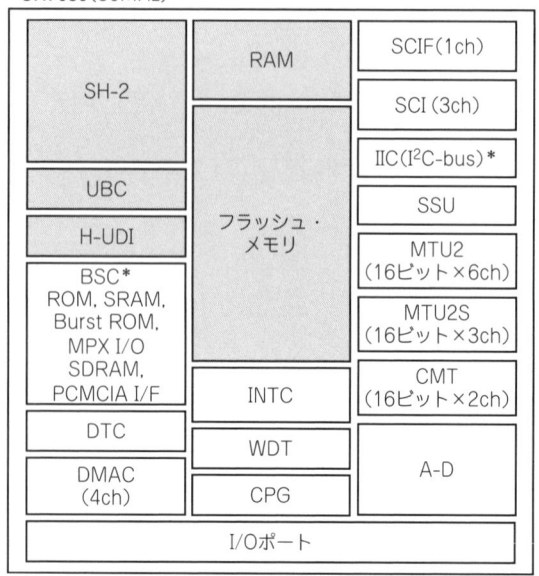

```
┌─────────┬─────────┬──────────────┐
│ SH-2    │ RAM     │ SCIF(1ch)    │
│         │         ├──────────────┤
│         │         │ SCI(3ch)     │
├─────────┤         ├──────────────┤
│ UBC     │ フラッシュ・│ IIC(I²C-bus)*│
├─────────┤ メモリ   ├──────────────┤
│ H-UDI   │         │ SSU          │
├─────────┤         ├──────────────┤
│ BSC*    │         │ MTU2         │
│ ROM,SRAM,│        │ (16ビット×6ch)│
│ Burst ROM,│       ├──────────────┤
│ MPX I/O │         │ MTU2S        │
│ SDRAM,  │         │ (16ビット×3ch)│
│ PCMCIA I/F│       ├──────────────┤
├─────────┼─────────┤ CMT          │
│ DTC     │ INTC    │ (16ビット×2ch)│
├─────────┼─────────┼──────────────┤
│ DMAC    │ WDT     │ A-D          │
│ (4ch)   ├─────────┤              │
│         │ CPG     │              │
├─────────┴─────────┴──────────────┤
│ I/Oポート                         │
└──────────────────────────────────┘
```

*SH7086/85/84のみ

パッケージ：LQFP-176(24mm×24mm)
　　　　　　LQFP-144(20mm×20mm)
　　　　　　LQFP-112(20mm×20mm)
　　　　　　TQFP-100(14mm×14mm)
　　　　　　BGA-112(10mm×10mm)

BSC：バス・ステート・コントローラ
CMT：コンペア・マッチ・タイマ
CPG：クロック発振器
HAC：オーディオ・コーデック
INTC：割り込みコントローラ
LBSC：ローカル・バス・ステート・コントローラ
MAC：メディア・アクセス制御
MMU：メモリ管理ユニット
MTU2：マルチファンクション・タイマ・パルス・ユニット2
MTU2S：マルチファンクション・タイマ・パルス・ユニット2S
PCI：ペリフェラル・コンポーネント・インターコネクト
RTC：リアルタイム・クロック
SCIF：FIFO付きシリアル・コミュニケーション・インターフェース
TMR：8ビット・タイマ
TMU：タイマ・ユニット
TPU：タイマ・パルス・ユニット
UBC：ユーザ・ブレーク・コントローラ

● SH7149(80MHz)

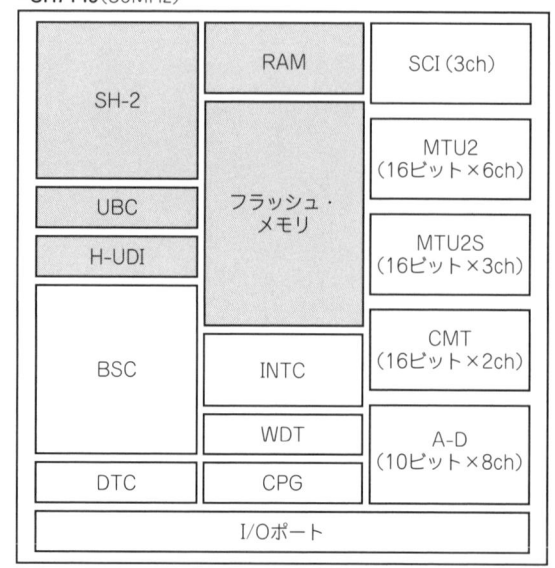

```
┌─────────┬─────────┬──────────────┐
│ SH-2    │ RAM     │ SCI(3ch)     │
│         │         ├──────────────┤
│         │         │ MTU2         │
│         │         │ (16ビット×6ch)│
├─────────┤ フラッシュ・├────────────┤
│ UBC     │ メモリ   │ MTU2S        │
├─────────┤         │ (16ビット×3ch)│
│ H-UDI   │         ├──────────────┤
├─────────┼─────────┤ CMT          │
│         │ INTC    │ (16ビット×2ch)│
│ BSC     ├─────────┼──────────────┤
│         │ WDT     │ A-D          │
├─────────┼─────────┤ (10ビット×8ch)│
│ DTC     │ CPG     │              │
├─────────┴─────────┴──────────────┤
│ I/Oポート                         │
└──────────────────────────────────┘
```

パッケージ：LQFP-100(14mm×14mm)
　　　　　　LQFP-80(14mm×14mm

● SH7125(50MHz)

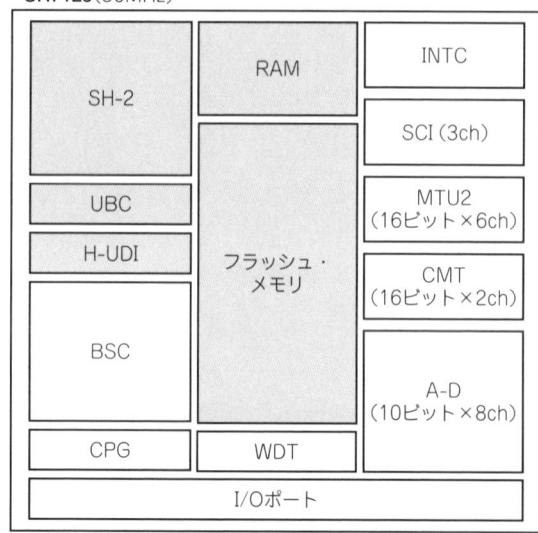

```
┌─────────┬─────────┬──────────────┐
│ SH-2    │ RAM     │ INTC         │
│         │         ├──────────────┤
│         │         │ SCI(3ch)     │
├─────────┤         ├──────────────┤
│ UBC     │         │ MTU2         │
├─────────┤ フラッシュ・│ (16ビット×6ch)│
│ H-UDI   │ メモリ   ├──────────────┤
├─────────┤         │ CMT          │
│         │         │ (16ビット×2ch)│
│ BSC     │         ├──────────────┤
│         │         │ A-D          │
│         │         │ (10ビット×8ch)│
├─────────┼─────────┼──────────────┤
│ CPG     │ WDT     │              │
├─────────┴─────────┴──────────────┤
│ I/Oポート                         │
└──────────────────────────────────┘
```

パッケージ：LQFP-64(10mm×10mm)
　　　　　　QFP-64(14mm×14mm)
　　　　　　VQFN-64(8mm×8mm)
　　　　　　LQFP-48(10mm×10mm)
　　　　　　VQFN-52(7mm×7mm)

図2　SHコントローラのSH-2系製品の例

す．これも32KバイトのEEPROMを内蔵しています．CANインターフェースを内蔵しており，自動車エンジン制御や医療機器に応用できます．

● **高性能CPUでも実質的に1サイクルでフラッシュ・メモリをアクセス**

ルネサス テクノロジのフラッシュ・メモリは，100MHzレートでアクセス可能な大変高速なもので

す．CPUが200MHzであっても，フラッシュ・メモリのバス幅を広げ，フラッシュ・メモリとCPUの間に命令キューと専用キャッシュを置くことで，200MHzで1サイクル・アクセスしたときとほぼ同等の性能を実現しています．

● **SH-4A系コントローラ製品**

フラッシュ・メモリを内蔵したコントローラ系製品

●SH7211(160MHz)

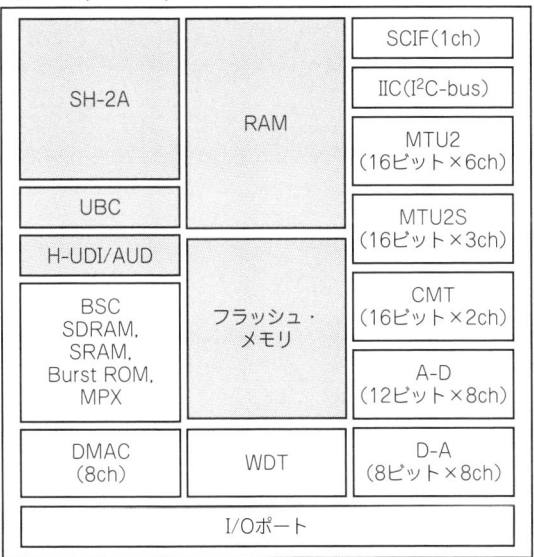

SH-2A	RAM	SCIF(1ch)
		IIC(I²C-bus)
		MTU2 (16ビット×6ch)
UBC		MTU2S (16ビット×3ch)
H-UDI/AUD		
BSC SDRAM, SRAM, Burst ROM, MPX	フラッシュ・ メモリ	CMT (16ビット×2ch)
		A-D (12ビット×8ch)
DMAC (8ch)	WDT	D-A (8ビット×8ch)
I/Oポート		

パッケージ：LQFP-144(20mm×20mm)

●SH7280(100MHz)

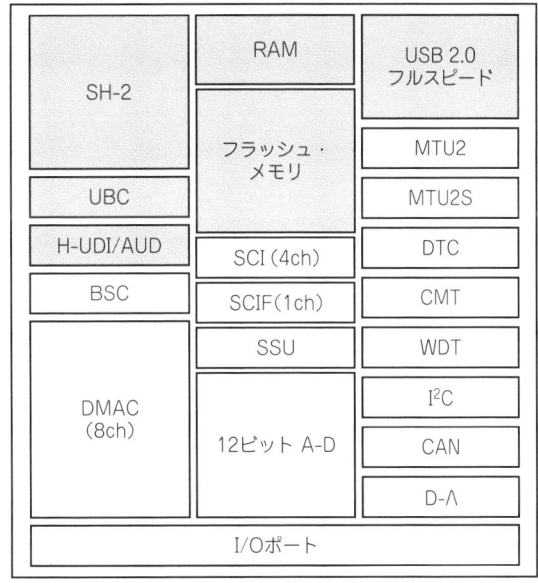

SH-2	RAM	USB 2.0 フルスピード
	フラッシュ・ メモリ	MTU2
UBC		MTU2S
H-UDI/AUD	SCI(4ch)	DTC
BSC	SCIF(1ch)	CMT
DMAC (8ch)	SSU	WDT
	12ビット A-D	I²C
		CAN
		D-A
I/Oポート		

パッケージ：LQFP-144(20mm×20mm)
　　　　　LQFP-176(20mm×20mm)
　　　　　LQPF-176(24mm×24mm)

図3　SHコントローラのSH-2A系製品の例

の最上位品として，プロセッサ用SH-4Aをコアにした製品があります（**図5**）．

SH7450シリーズは，240 MHzで動作するSH-4Aをコアに，最大2Mバイトのフラッシュ・メモリ，最大512KバイトのRAMを内蔵しています．車載ネットワークに必要な通信機能，車載カメラの制御やミリ波システムなどで必要な周辺機能を内蔵しています．運転支援システムなどの自動車制御機器に向いています．

SHプロセッサ系の製品

SHプロセッサ系の製品展開を**図6**に示します．コントローラ系と同様に，多くの派生品種に進化しています．

● SH-4A系プロセッサ製品

SH-4A系プロセッサ製品は，その高性能を十分に生かす製品群に展開されています．その一部を**図7**に示します．

SH7786は，533 MHzで動作するSH-4Aコアを2基搭載したデュアルコア製品です．マルチコア構成としてはAMP型もSMP型もサポートしています．PCI Expressコントローラによる高速データ転送が可能であり，USB 2.0（High Speed）のHost/Function機能を内蔵しています．ディスプレイ・ユニットを搭載し，LCDパネルも制御できます．カーナビ，アミューズメント機器，画面表示が必要な産業機器などに向いて

います．

SH7785は，600 MHzで動作するSH-4Aを1基搭載したシングル・コア製品です．これもディスプレイ・ユニットを搭載し，LCDパネルもコントロールできます．キャッシュ・メモリや小容量の高速RAMに加えて，中速の大容量RAM（128Kバイト）を内蔵しています．

SH7730は，266 MHzで動作するSH-4Aコアを内蔵しています．0.6 mW/MHzの低消費電力が特徴です．A-D変換器やD-A変換器を搭載しています．

SH7764は，324 MHzで動作するSH-4Aコアを内蔵しています．Ethernetコントローラ（MAC），表示コントローラ，USBホスト・コントローラなどを搭載しています．ネットワーク家電機器やオフィス機器に向いています．

SH7763は，266 MHzで動作するSH-4Aコアと，1000BASE-Tまで対応可能なギガビットEthernetコントローラを内蔵しています．また暗号アルゴリズムの暗号化・複合化を高速に処理するセキュリティ・アクセラレータを内蔵しています．ネットワーク家電機器の他に，産業用のネットワーク関連機器（IT端末，監視カメラ）などに応用できます．

● SH3-DSP系プロセッサ製品

SH3-DSPコアは，古くからSoC向けプラットホームとして整備されていたので，展開初期段階には多くの製品が開発されました．現在リリースされているSH3-DSP系プロセッサ製品の一部を**図8**に示します．

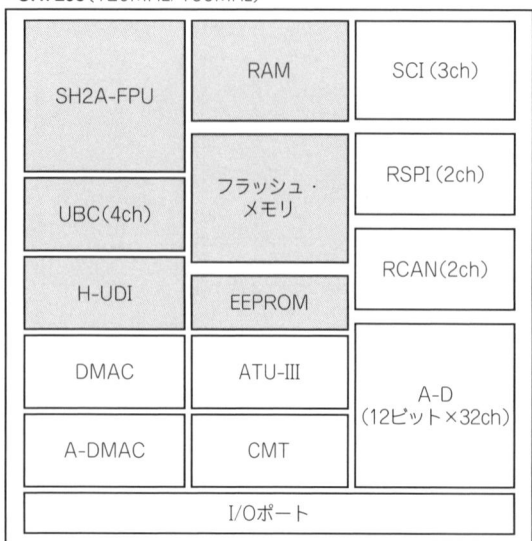

● SH7253（120MHz/160MHz）

SH2A-FPU	RAM	SCI (3ch)
		RSPI (2ch)
UBC(4ch)	フラッシュ・メモリ	
		RCAN (2ch)
H-UDI	EEPROM	
DMAC	ATU-III	A-D (12ビット×32ch)
A-DMAC	CMT	
I/Oポート		

パッケージ：LQFP-176（24mm×24mm）

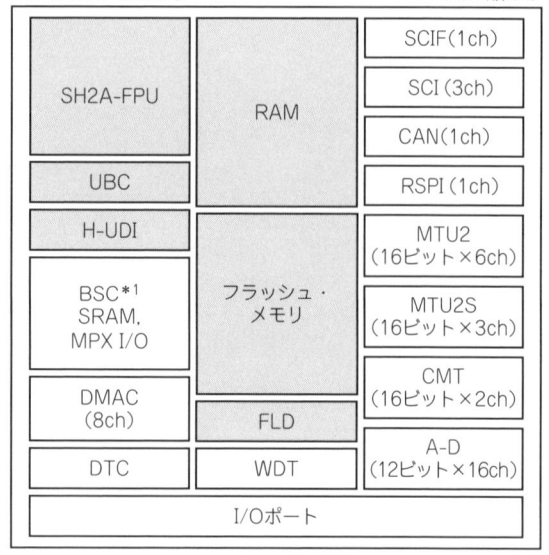

● SH7239（160MHz）　　　　　　　　　＊1 3.3V版のみ

SH2A-FPU	RAM	SCIF (1ch)
		SCI (3ch)
UBC		CAN (1ch)
		RSPI (1ch)
H-UDI		MTU2 (16ビット×6ch)
BSC*1 SRAM, MPX I/O	フラッシュ・メモリ	MTU2S (16ビット×3ch)
DMAC (8ch)	FLD	CMT (16ビット×2ch)
DTC	WDT	A-D (12ビット×16ch)
I/Oポート		

パッケージ：LQFP-120（16mm×16mm）

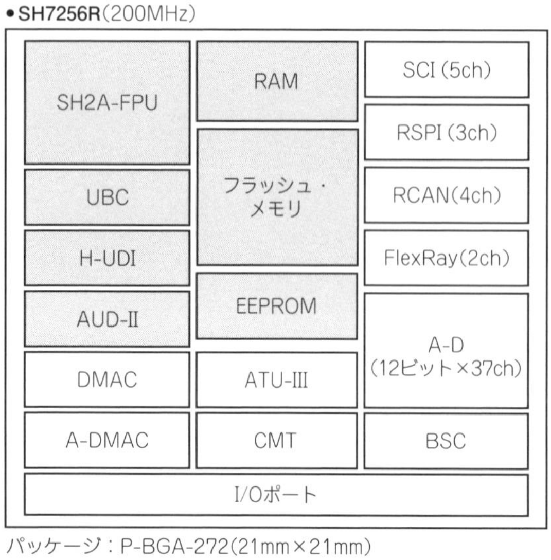

● SH7256R（200MHz）

SH2A-FPU	RAM	SCI (5ch)
		RSPI (3ch)
UBC	フラッシュ・メモリ	RCAN (4ch)
H-UDI		FlexRay (2ch)
AUD-II	EEPROM	
DMAC	ATU-III	A-D (12ビット×37ch)
A-DMAC	CMT	BSC
I/Oポート		

パッケージ：P-BGA-272（21mm×21mm）

図4 SHコントローラのSH2A-FPU系製品の例
SH7256はSH2A-FPU系の中でも特にハイエンドな製品

　SH7710/SH7712は，200MHzで動作するSH3-DSPコアと，Ethernetコントローラをデュアルで搭載しています．この二つのコントローラ間の通信を高速にブリッジすることができます．内蔵IPsecアクセラレータにより，暗号/復号合化方式としてDESと3DESを，また認証データ生成方式としてMD5とSHA-1をサポートします．VoIP関連機器や，セキュリティ機器などに応用できます．

　SH7720/SH7721は，133MHzで動作するSH3-DSPコアと，USB，LCDコントローラ，各種カード・インターフェースを内蔵しています．SH7720はSSLアクセラレータ機能を内蔵しており，高速なセキュア・ブラウジングを実現しています．携帯情報端末に向いています．

● SH2A-FPU系プロセッサ製品

　コントローラ向けのSH2A-FPUを，ROMレスのプロセッサ系に適用した製品があります（図9）．

　SH7203は，200MHzで動作するSH2A-FPUコアと，64Kバイトの高速RAM，キャッシュ・メモリ，USB，CAN，LCDコントローラ，A-D変換器，D-A変換器などを内蔵しています．FAシステム，ロボット，シーケンサなどの産業機器や，民生機器，オーディオ機器に向いています．

　SH7201は，120MHzで動作するSH2A-FPUと，32Kバイトの高速RAM，キャッシュ・メモリ，CD-ROMデコーダ，CAN，A-D変換器，D-A変換器などを内蔵しています．ディジタル・オーディオ機器などに向いています．

　SH7670グループ（SH7671など）は，200MHzで動作するSH2A-FPUと，Ethernetコントローラ，USB，SDカード・インターフェース，暗号アクセラレータを内蔵しています（SH7671は暗号アクセラレータは内蔵していない）．ネットワーク対応オーディオ機器に向いています．

● SH-2A系/SH-2系プロセッサ製品

　コントローラ向けのSH-2AやSH-2を，ROMレスのプロセッサ系に適用した製品もあります（図10）．

● SH7231(100MHz)

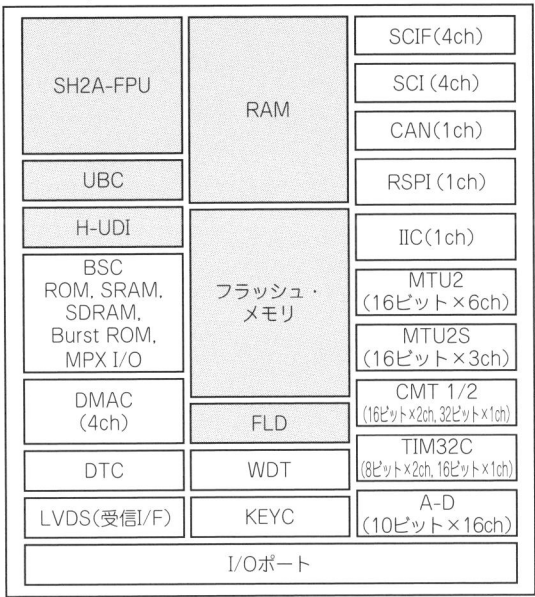

SH2A-FPU	RAM	SCIF(4ch)
		SCI(4ch)
		CAN(1ch)
UBC		RSPI(1ch)
H-UDI		IIC(1ch)
BSC ROM, SRAM, SDRAM, Burst ROM, MPX I/O	フラッシュ・ メモリ	MTU2 (16ビット×6ch)
		MTU2S (16ビット×3ch)
DMAC (4ch)		CMT 1/2 (16ビット×2ch, 32ビット×1ch)
DTC	FLD	TIM32C (8ビット×2ch, 16ビット×1ch)
	WDT	
LVDS(受信I/F)	KEYC	A-D (10ビット×16ch)
I/Oポート		

パッケージ：BGA-256(11mm×11mm)
　　　　　　BGA-272(17mm×17mm)

● SH7216(200MHz)

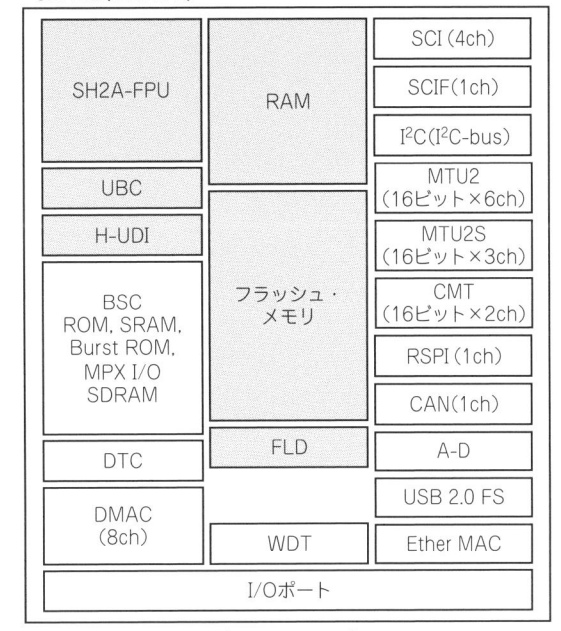

SH2A-FPU	RAM	SCI(4ch)
		SCIF(1ch)
		I²C(I²C-bus)
UBC		MTU2 (16ビット×6ch)
H-UDI		MTU2S (16ビット×3ch)
BSC ROM, SRAM, Burst ROM, MPX I/O SDRAM	フラッシュ・ メモリ	CMT (16ビット×2ch)
		RSPI(1ch)
		CAN(1ch)
DTC	FLD	A-D
DMAC (8ch)		USB 2.0 FS
	WDT	Ether MAC
I/Oポート		

パッケージ：QFP-176(24mm×24mm)
　　　　　　QFP-176(20mm×20mm)
　　　　　　BGA-176(13mm×13mm)

　SH7206は，SH-2A系製品展開のビークルの一つになった製品で，200MHzで動作するSH-2Aをコアに，128Kバイトの高速RAMを内蔵しています．A-D変換器やD-A変換器を内蔵しており，モータ制御などの産業機器や，プリンタなどOA機器に向いています．

　SH7619は，125MHz動作のSH-2をコアにして，10/100MbpsのEthernetコントローラとPHYトランシーバ(IEEE 802.3u準拠)を内蔵しています．ネットワーク家電(AVコンポ，HDDレコーダ，薄型大画面テレビ)，プリンタ，監視カメラなどに応用できます．

アプリケーション特化型製品

　SHマイコンは，幾つかアプリケーションに特化した製品群を展開しています．

　図11は，ディジタル・オーディオ機器向けのSH7268/SH7269の応用事例です．図12は，車載情報機器向けのSH-Naviシリーズの応用事例です．図13は，携帯電話用のアプリケーション・プロセッサSH-Mobileをローエンド・ナビ・システムに応用した事例を示します．その他，SH-2系やSH-2A系ではインバータやACサーボなどモータ制御に向けて機能強化した製品を多く展開しています．

SHマイコンの開発環境

　SHマイコンの開発をサポートする環境の全体体系を図14に示します．

　プログラム開発の中心になるのが，統合開発環境HEW(High-performance Embedded Workshop)で，その上でコーディング，コンパイル，ビルド(リンク)できます．さまざまなOSやミドルウェア，サンプル・

● SH7450/SH7451(240MHz)
● SH7455/SH7456(160MHz)

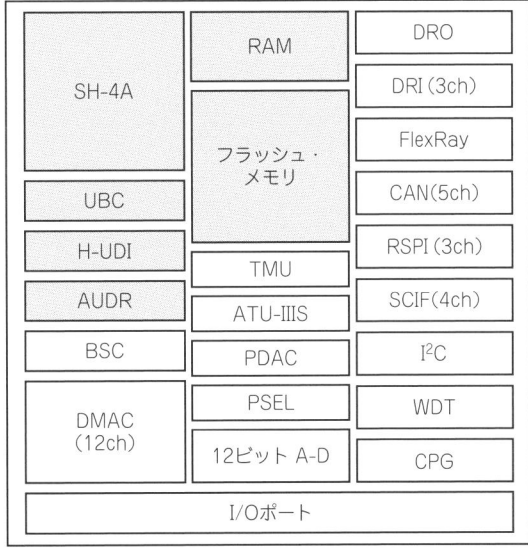

SH-4A	RAM	DRO
		DRI(3ch)
	フラッシュ・ メモリ	FlexRay
UBC		CAN(5ch)
H-UDI		RSPI(3ch)
	TMU	
AUDR	ATU-IIIS	SCIF(4ch)
BSC	PDAC	I²C
DMAC (12ch)	PSEL	WDT
	12ビット A-D	CPG
I/Oポート		

パッケージ：FBGA-292(17mm×17mm)
　　　　　　FBGA-176(13mm×13mm)

図5　SHコントローラのSH-4A系製品の例
プロセッサ向けSH-4Aコアと大容量フラッシュ・メモリを搭載

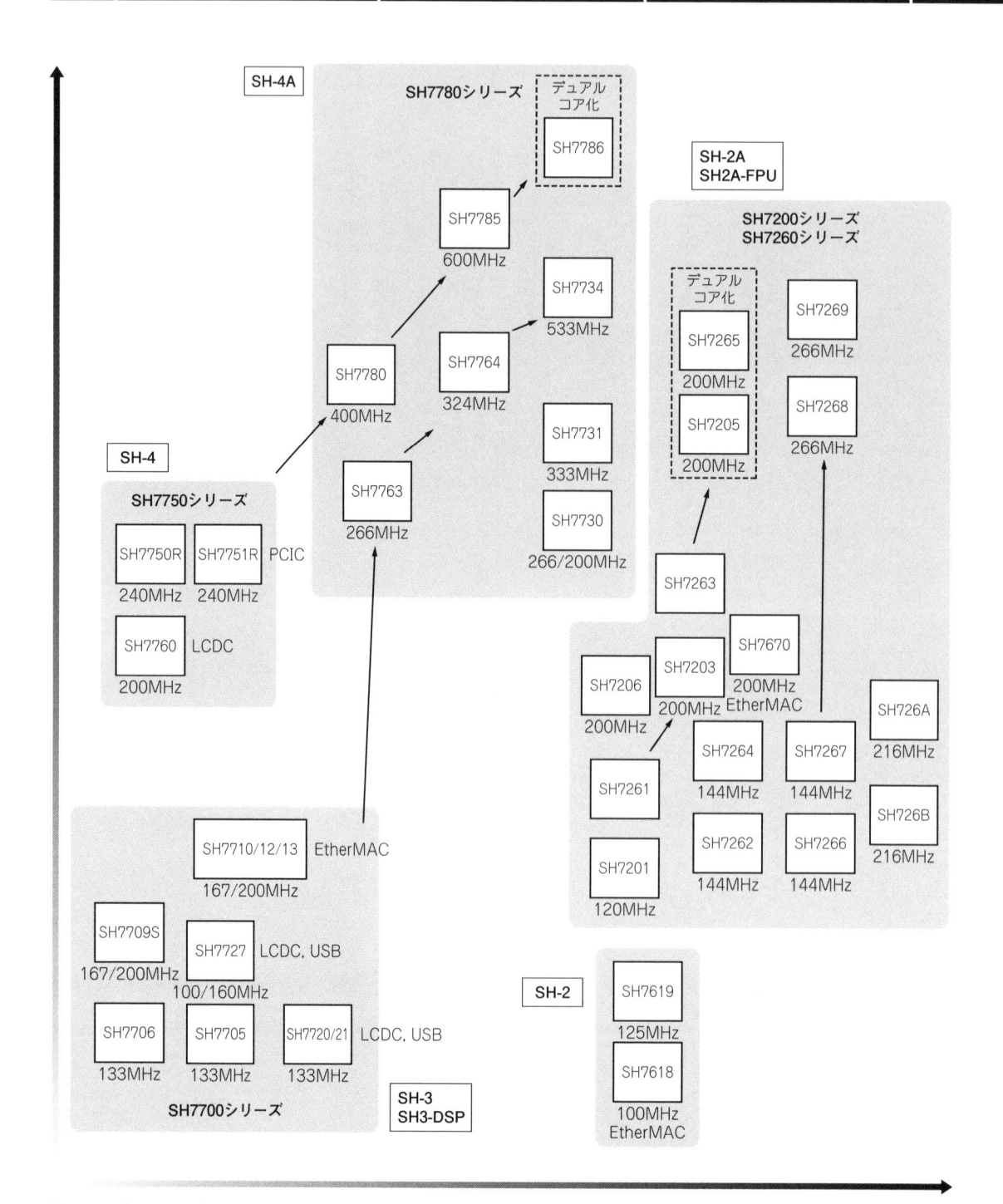

図6 SHプロセッサ系の製品展開マップ

コードも提供されています．
　実機デバッグにはデバイス内のオンチップ・デバッガを制御するエミュレータ・システム（E10A-USBなど）が提供されています．デバッグ操作はHEWの画面から行えます．量産時のフラッシュ書き込みサポート・ソフトやプログラマも用意されています．
　開発前のデバイス評価などのためにリファレンス・ボードが用意されており，開発をすぐに立ち上げることができます．

SHマイコンの今後

　ルネサス テクノロジは引き続きマイコン事業に力を入れていくと思いますが，SHマイコンの展開に関

● SH7786(533MHz)

SH-4A		SH-4A		SCIF/SDIF
CPU	UBC	CPU	UBC	SCIF
FPU	MMU	FPU	MMU	
32Kバイト 命令キャッシュ		32Kバイト 命令キャッシュ		I²C/SCIF
32Kバイト オペランド・ キャッシュ		32Kバイト オペランド・ キャッシュ		SCIF/SSI
8KバイトILRAM 16KバイトOLRAM		8KバイトILRAM 16KバイトOLRAM		SCIF
L2キャッシュ (256Kバイト)		CPG/WDT		SCIF/HAC/SSI
		TMU		DMAC
DDR3 SDRAM コントローラ		INTC		DU/ Etherコントローラ HSPI
PCI Express コントローラ		LBSC SRAM, MPX, Burst ROM, PCMCIA		H-UDI/AUD
				USBコントローラ
I/Oポート				

パッケージ：BGA-593(25mm×25mm)

● SH7785(600MHz)

	FPU	SCIF
SH-4A	MMU	SCIF/MMCIF
	命令キャッシュ (4Way, 32Kバイト)	SCIF/SIOF/ SSI/HAC
UBC	オペランド・ キャッシュ (4Way, 32Kバイト)	SCIF/SSI/ HAC
H-UDI		SCIF/HSPI/ NANDフラッシュ
LBSC ROM, SRAM, MPX, PCMCIA	高速RAM (8KバイトILRAM)	TMU (32ビット×6ch)
	高速RAM (16KバイトOLRAM)	INTC/INTC2
DDR2 SDRAM コントローラ	中速RAM (128KバイトURAM)	DMAC (12ch)
PCIバス (32ビット, 33/66MHz)	CPG/WDT	GDTA
	DU	
I/Oポート		

パッケージ：BGA-436(19mm×19mm)

● SH7730(266MHz)

	FPU	SCIF0/SCIF
SH-4A2	MMU	SCIF1/SCIF
	命令キャッシュ (4Way, 32Kバイト)	SCIF2/SCIF
		SCIF3/SCIF
UBC	オペランド・ キャッシュ (4Way, 32Kバイト)	SCIF4/SCIFA
H-UDI		SCIF5/SCIFA
BSC ROM, SRAM, Burst ROM, SDRAM PCMCIA	高速RAM (16KバイトILRAM)	IrDA (2ch)
	INTC	I²CバスI/F (2ch)
	DMAC (6ch)	TMU (32ビット×3ch)
SIM	RTC	TPU (16ビット×6ch)
A-D (10ビット×4ch)	RWDT	CMT (32ビット×5ch)
D-A (10ビット×2ch)	CPG	
I/Oポート		

パッケージ：QFP-208(28mm×28mm)

● SH7764(324MHz)

SH-4A 324MHz	MMU	命令 キャッシュ 32K バイト	データ・ キャッシュ 32K バイト	RAM 16K バイト
BSC ROM, SRAM, SDRAM	FPU	INTC	DMAC (6ch)	SRC (2ch)
I²C (1ch)	GPIO	TMU (32ビット ×6ch)	WDT	H-UDI	NAND フラッシュ I/F
SCIF (3ch)	SSI (6ch)	IDE コントローラ (1ch)	USB 2.0 HOST/FUNC (HS)(1ch)
Ether MAC (1ch)	SDHC I/O	2D グラフィックス	VDC2 Digital RGB	LCDC

パッケージ：BGA-404(19mm×19mm)

図7　SHプロセッサのSH-4A系製品の例
SH7764はネットワーク機能強化版

● SH7763(266MHz)

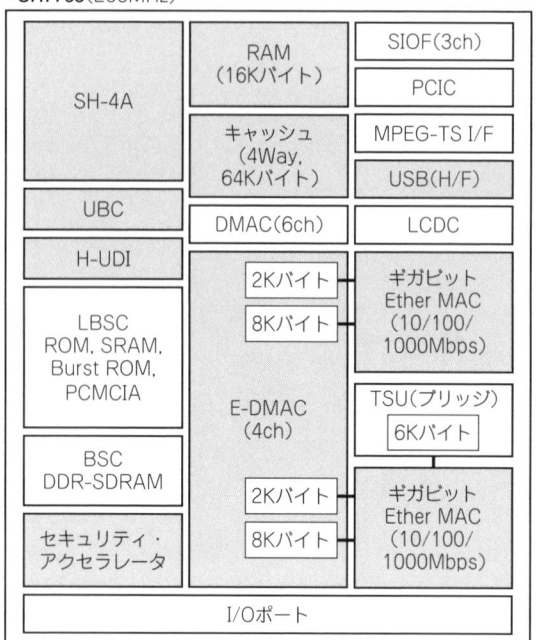

SH-4A	RAM (16Kバイト)	SIOF(3ch)
		PCIC
	キャッシュ (4Way, 64Kバイト)	MPEG-TS I/F
		USB(H/F)
UBC	DMAC(6ch)	LCDC
H-UDI	2Kバイト	ギガビット Ether MAC (10/100/1000Mbps)
LBSC ROM, SRAM, Burst ROM, PCMCIA	8Kバイト	
	E-DMAC (4ch)	TSU(ブリッジ) 6Kバイト
BSC DDR-SDRAM	2Kバイト	ギガビット Ether MAC (10/100/1000Mbps)
セキュリティ・アクセラレータ	8Kバイト	
I/Oポート		

パッケージ：BGA-449(21mm×21mm)

図7 SHプロセッサのSH-4A系製品の例(つづき)
ネットワーク機能強化版

● SH7201(120MHz)

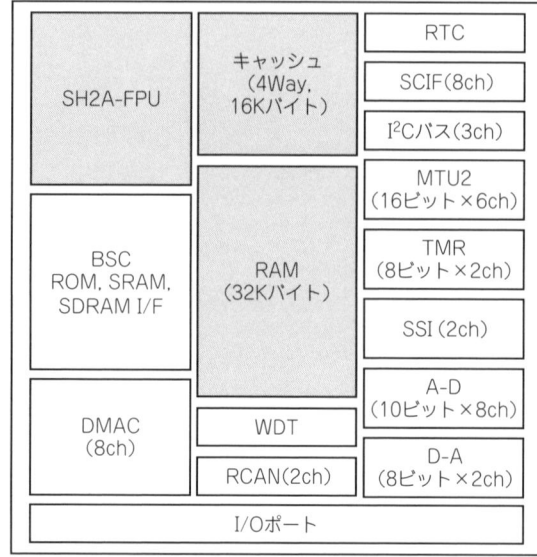

SH2A-FPU	キャッシュ (4Way, 16Kバイト)	RTC
		SCIF(8ch)
		I^2Cバス(3ch)
	RAM (32Kバイト)	MTU2 (16ビット×6ch)
BSC ROM, SRAM, SDRAM I/F		TMR (8ビット×2ch)
		SSI(2ch)
		A-D (10ビット×8ch)
DMAC (8ch)	WDT	D-A (8ビット×2ch)
	RCAN(2ch)	
I/Oポート		

パッケージ：QFP-176(24mm×24mm)

図9 SHプロセッサのSH2A-FPU系製品の例

● SH7710/SH7712(200MHz)

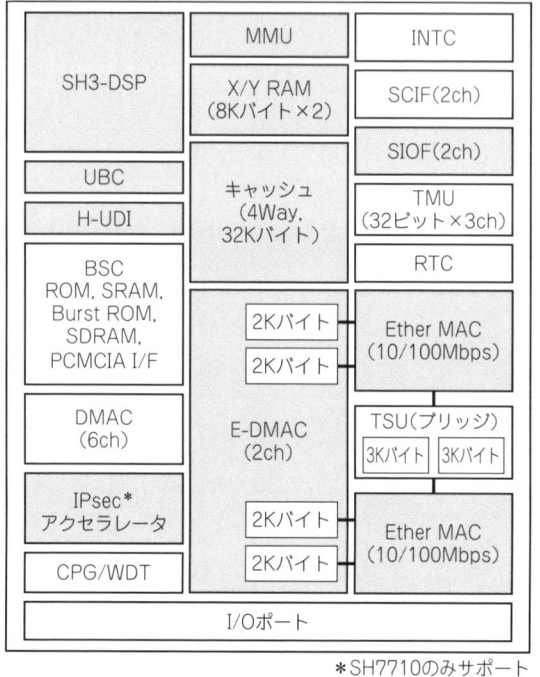

SH3-DSP	MMU	INTC
	X/Y RAM (8Kバイト×2)	SCIF(2ch)
		SIOF(2ch)
UBC	キャッシュ (4Way, 32Kバイト)	TMU (32ビット×3ch)
H-UDI		RTC
BSC ROM, SRAM, Burst ROM, SDRAM, PCMCIA I/F	2Kバイト	Ether MAC (10/100Mbps)
	2Kバイト	
	E-DMAC (2ch)	TSU(ブリッジ) 3Kバイト 3Kバイト
DMAC (6ch)	2Kバイト	Ether MAC (10/100Mbps)
IPsec* アクセラレータ	2Kバイト	
CPG/WDT		
I/Oポート		

＊SH7710のみサポート

パッケージ：HQFP-256(27mm×27mm)
　　　　　　CSP-256(17mm×17mm)

図8 SHプロセッサのSH3-DSP系製品の例

● SH7720/SH7721(133MHz)

SH3-DSP	MMU	SCIF0/IrDA
	X/Y RAM (8Kバイト×2)	SCIF1
		SIOF(2ch)
UBC	キャッシュ (4Way, 32Kバイト)	I^2CバスI/F (マルチマスタ)
H-UDI		CMT (32ビット×5ch)
BSC ROM, SRAM, Burst ROM, SDRAM I/F		TPU (16ビット×4ch)
	SSL* アクセラレータ	TMU (32ビット×3ch)
SIM	DMAC (6ch)	USB (ホスト)
MMCIF		
PCC	RTC	USB (ファンクション)
カラー LCDC	INTC	A-D (10ビット×4ch)
AFEIF	CPG/PLL	D-A (8ビット×2ch)
I/Oポート		

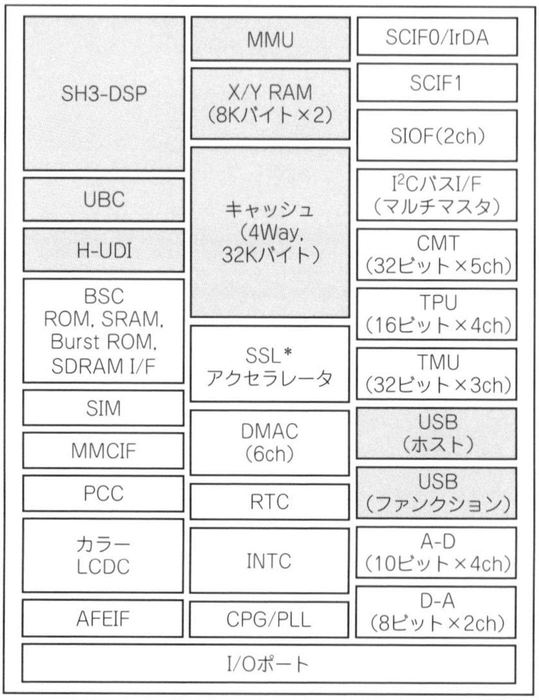

＊SH7720のみサポート

パッケージ：CSP-256(17mm×17mm)

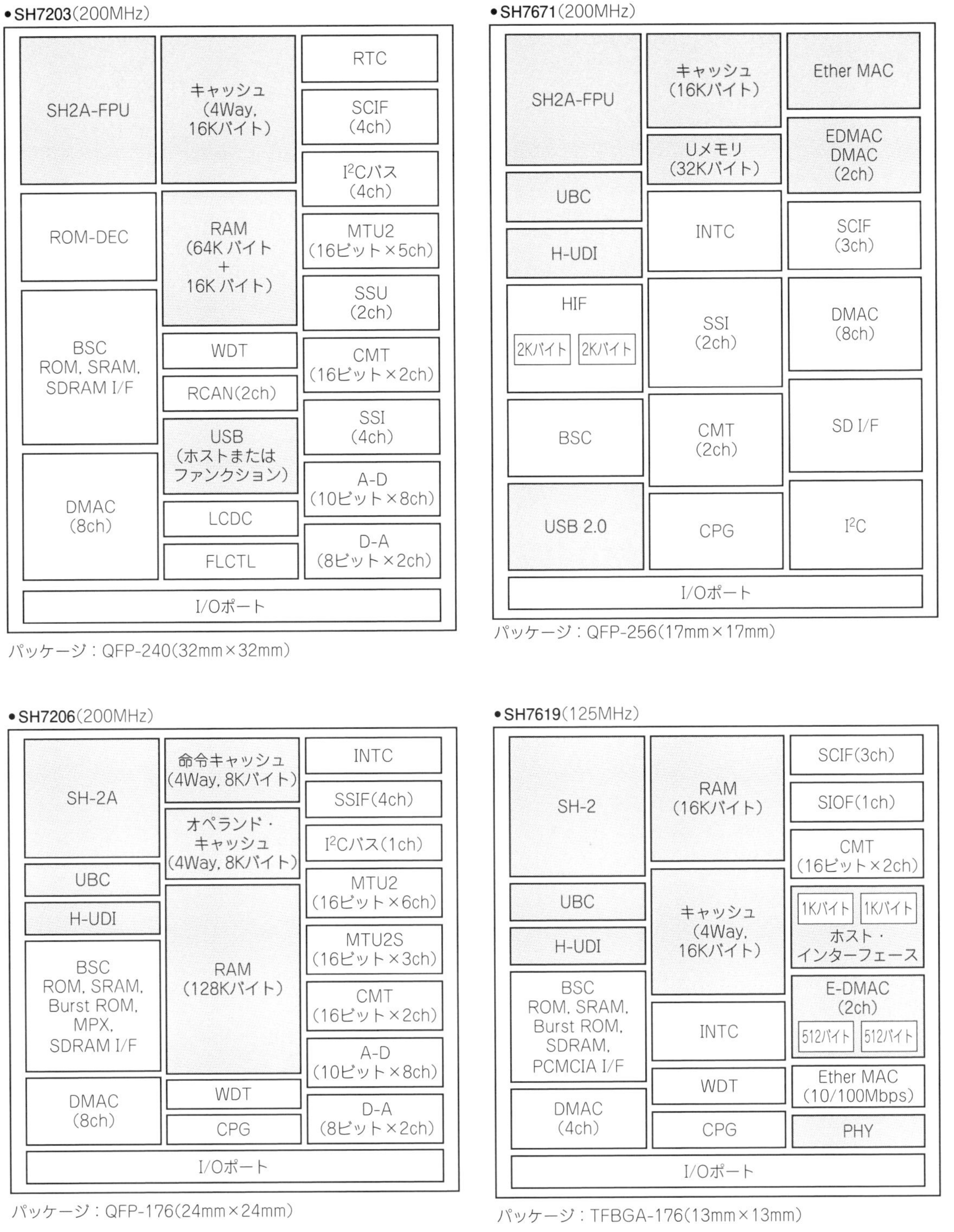

● SH7203(200MHz)

SH2A-FPU	キャッシュ(4Way, 16Kバイト)	RTC
		SCIF(4ch)
		I²Cバス(4ch)
ROM-DEC	RAM(64Kバイト+16Kバイト)	MTU2(16ビット×5ch)
		SSU(2ch)
BSC ROM, SRAM, SDRAM I/F	WDT	CMT(16ビット×2ch)
	RCAN(2ch)	SSI(4ch)
	USB(ホストまたはファンクション)	A-D(10ビット×8ch)
DMAC(8ch)	LCDC	
	FLCTL	D-A(8ビット×2ch)
I/Oポート		

パッケージ：QFP-240(32mm×32mm)

● SH7671(200MHz)

SH2A-FPU	キャッシュ(16Kバイト)	Ether MAC
	Uメモリ(32Kバイト)	EDMAC DMAC(2ch)
UBC	INTC	SCIF(3ch)
H-UDI		
HIF 2Kバイト 2Kバイト	SSI(2ch)	DMAC(8ch)
BSC	CMT(2ch)	SD I/F
USB 2.0	CPG	I²C
I/Oポート		

パッケージ：QFP-256(17mm×17mm)

● SH7206(200MHz)

SH-2A	命令キャッシュ(4Way, 8Kバイト)	INTC
		SSIF(4ch)
	オペランド・キャッシュ(4Way, 8Kバイト)	I²Cバス(1ch)
UBC		MTU2(16ビット×6ch)
H-UDI		MTU2S(16ビット×3ch)
BSC ROM, SRAM, Burst ROM, MPX, SDRAM I/F	RAM(128Kバイト)	CMT(16ビット×2ch)
		A-D(10ビット×8ch)
DMAC(8ch)	WDT	D-A(8ビット×2ch)
	CPG	
I/Oポート		

パッケージ：QFP-176(24mm×24mm)

● SH7619(125MHz)

SH-2	RAM(16Kバイト)	SCIF(3ch)
		SIOF(1ch)
		CMT(16ビット×2ch)
UBC	キャッシュ(4Way, 16Kバイト)	1Kバイト 1Kバイト ホスト・インターフェース
H-UDI		E-DMAC(2ch) 512バイト 512バイト
BSC ROM, SRAM, Burst ROM, SDRAM, PCMCIA I/F	INTC	
	WDT	Ether MAC(10/100Mbps)
DMAC(4ch)	CPG	PHY
I/Oポート		

パッケージ：TFBGA-176(13mm×13mm)

図10 SHプロセッサのSH-2A系/SH-2系製品の例

してはあまり力を入れていないように見えます．しかし，これまでの確固たる実績を持ち，かつ他のアーキテクチャにはない高いパフォーマンスを誇るSHマイコンを引き続き使っていきたいと思っているユーザは多いと聞きます．今後もこのSHマイコンの文化が継続・発展していくことを心から願っています．

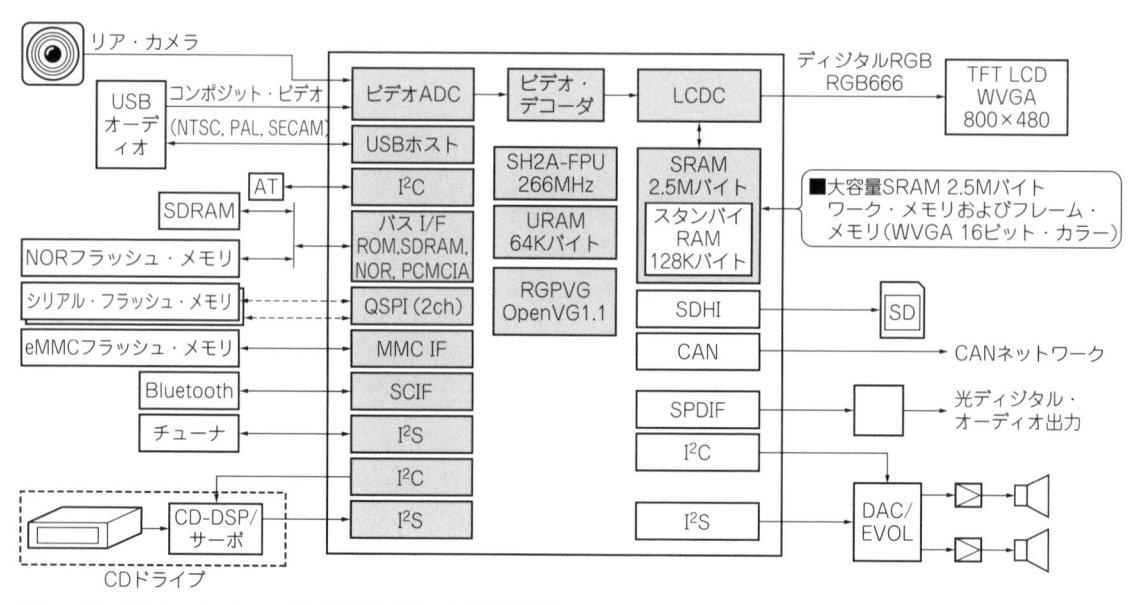

図11 ディジタル・オーディオ向け SH7268/SH7269 の応用事例

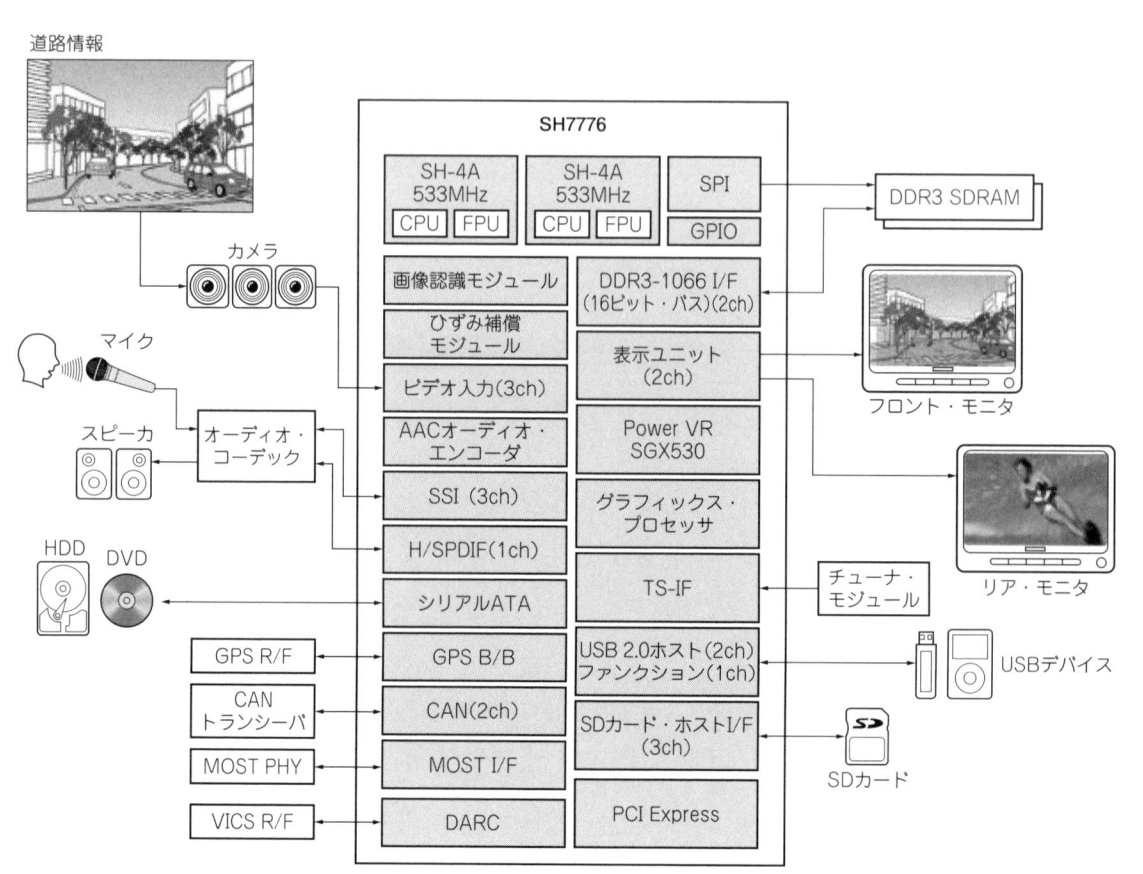

図12 車載情報機器向け SH-Nav i の応用事例

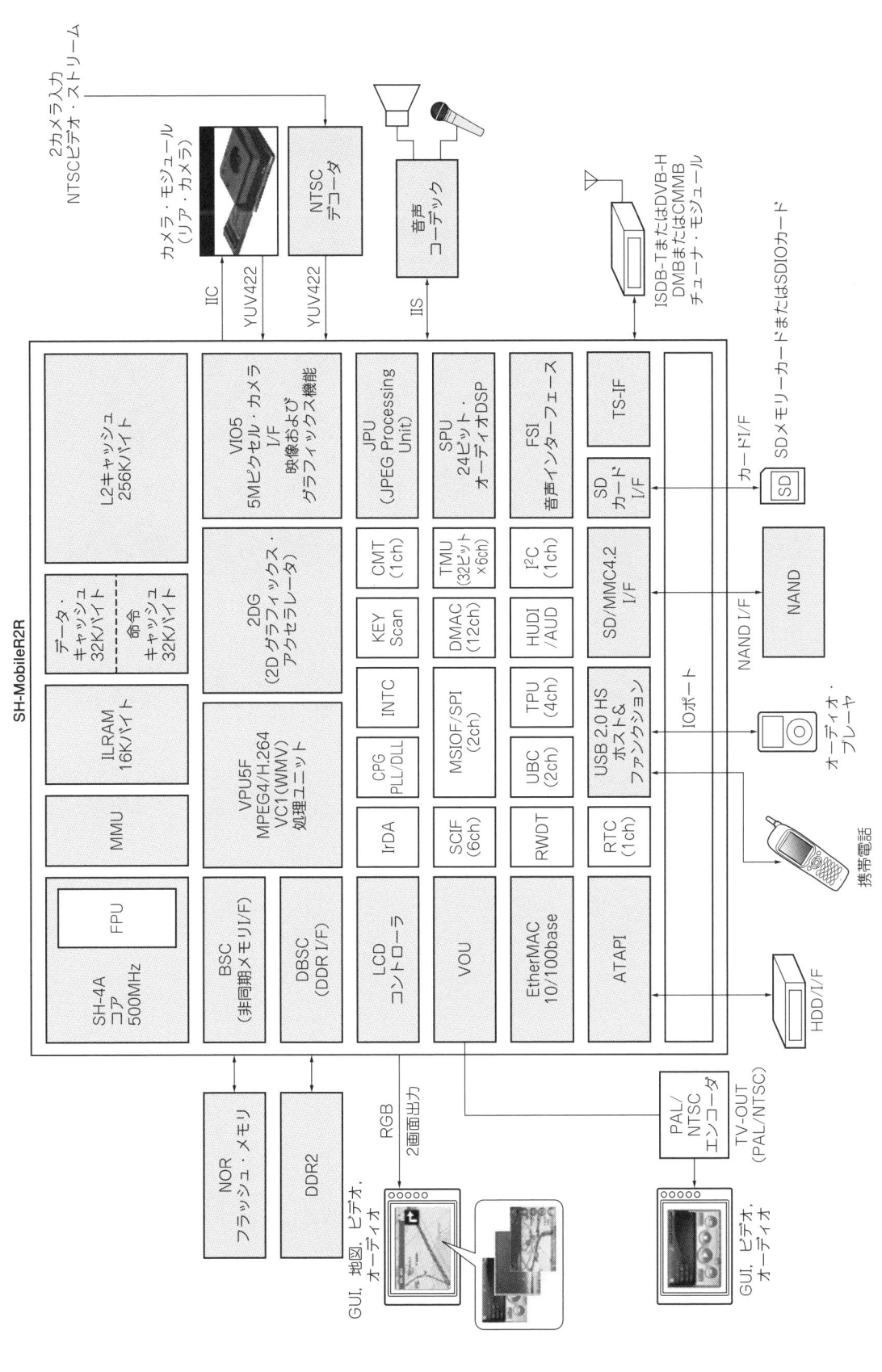

図13 アプリケーション・プロセッサ向け SH-Mobile の応用事例
ローエンド・ナビ・システムの構成例。フロント・シートとリア・シートの2画面同時出力や2カメラ入力が可能

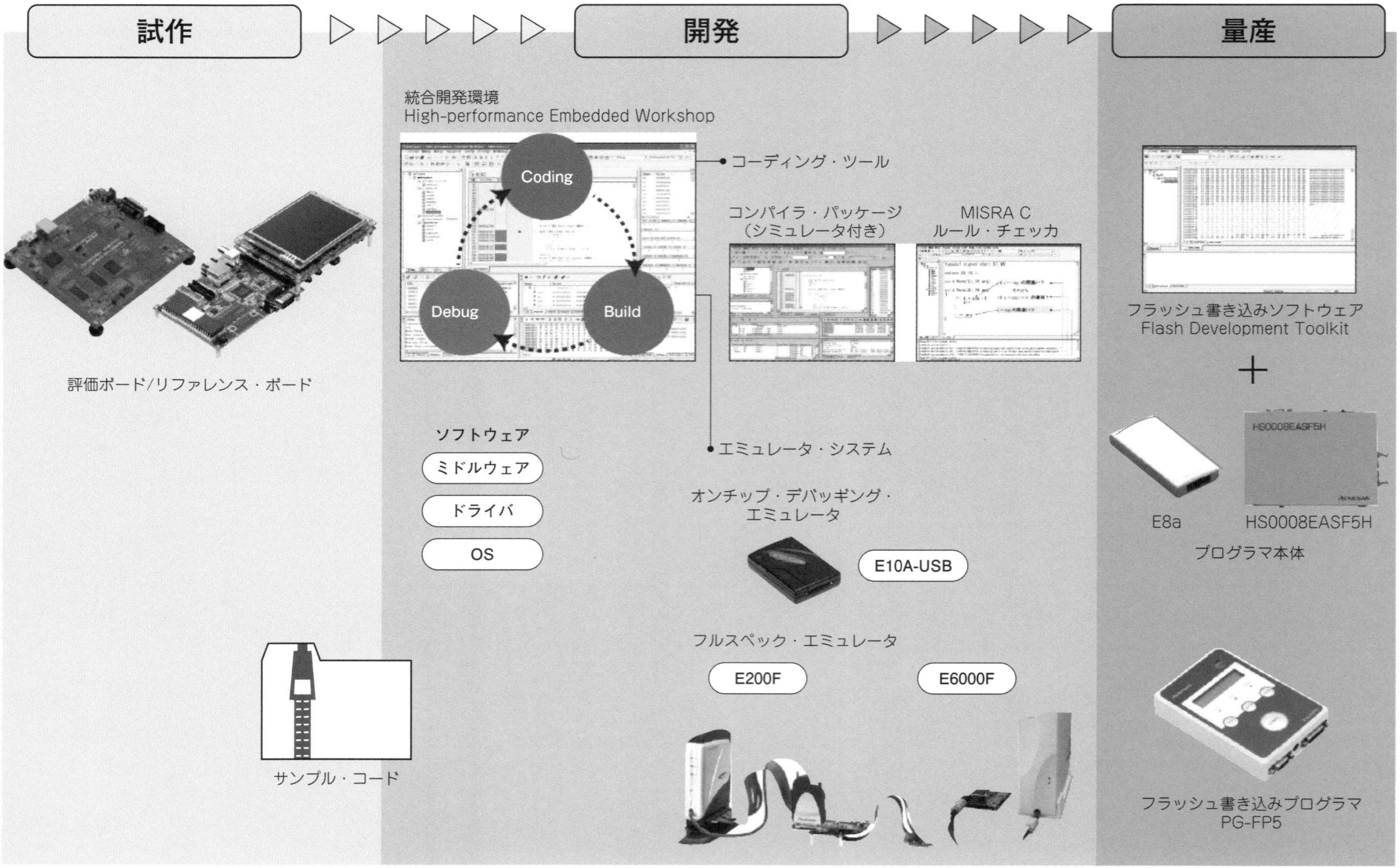

図14 SHマイコンの開発環境の全体体系

第4章 SHマイコン・ファミリ全般

SHのCPUアーキテクチャと歴史

圓山 宗智

　SHマイコン(**写真1**)は，組み込み向けとして早い段階でRISCアーキテクチャの考え方を取り入れました．これにより性能，コード効率，消費電力の面で従来のマイコンを大きく陵駕し，その後の組み込み向けマイコンのあるべき姿を確立しました．

　この章では，SHマイコン・ファミリ全体に注目し，CPUアーキテクチャの基本的な解説や，SHマイコンの歴史の中の紆余曲折にまつわる話や，残念ながら幻に終わった興味深い製品の話などを紹介します．

　本書付属CD-ROMにPDFで収録されているSHマイコン・ファミリ全般に関する記事の一覧を**表1**に示します．

(a) SH-2シリーズ　　(b) SH-DSP　　(c) SH-3　　(d) SH-4

写真1 SHシリーズの外観

表1 SHマイコン・ファミリ全般に関する記事の一覧(複数に分類される記事は，ほかの章で概要を紹介している場合がある)

記事タイトル	掲載号	ページ数	PDFファイル名
パイプライン処理の実際	Interface 2003年10月号	8	if_2003_10_062.pdf
割り込みと例外の概念とその違い	Interface 2003年11月号	14	if_2003_11_093.pdf
組み込みマイコンのいろいろと選択基準	Interface 2005年5月号	12	if_2005_05_060.pdf
電源／クロック／リセットとメモリ・バスの設計	Interface 2005年5月号	12	if_2005_05_072.pdf
新しい組み込みチップはCaliforniaから －SuperHやPowerPCは駆逐されるか－	Interface 2005年9月号	4	if_2005_09_204.pdf
マイクロプロセッサ変遷史／1990年代～2000年代	Interface 2010年10月号	20	if_2010_10_044.pdf
SHプロセッサのIP戦略を担う新会社「SuperH, Inc.」	Design Wave Magazine 2001年6月号	1	dwm004301221.pdf
RISCとDRAMを封止したMCMの開発	Design Wave Magazine 2001年8月号	6	dwm004501101.pdf
プログラマブル・ロジックを集積した SHマイコンのすべて(前編)	Design Wave Magazine 2002年1月号	11	dwm005001541.pdf
プログラマブル・ロジックを集積した SHマイコンのすべて(後編)	Design Wave Magazine 2002年2月号	10	dwm005100961.pdf
高性能LSI向けオンボード電源回路集	Design Wave Magazine 2002年10月号	11	dwm005901051.pdf

SHマイコン活用記事全集　　47

パイプライン処理の実際

（Interface 2003年10月号） 8ページ

　RISC CPUのパイプライン構造は，原則として，ヘネシー＆パターソンが提唱した5ステージのパイプラインに従っています．本記事ではシングル・パイプラインの代表の一つとして，SHシリーズのパイプラインについても説明しています．

組み込みマイコンのいろいろと選択基準

（Interface 2005年5月号） 12ページ

　SHシリーズを含め市場で使われている代表的な組み込み向けマイコンについて取り上げ，その特徴を解説しています．また，さまざまな角度から，組み込み向けマイコンの選択基準について解説しています．

割り込みと例外の概念とその違い

（Interface 2003年11月号） 14ページ

　割り込みと例外処理の概念を解説し，SHを含む幾つかのCPUアーキテクチャでの扱い方を紹介しています．

電源／クロック／リセットとメモリ・バスの設計

（Interface 2005年5月号） 11ページ

　マイコン周りでトラブルが起きやすい電源，クロック，リセット，バス周りの設計ノウハウについて，SH-2とSH-4を題材にして解説しています．

マイクロプロセッサ変遷史／1990年代〜2000年代

（Interface 2010年10月号） 20ページ

　組み込み向けプロセッサを中心にして，その歴史を追っています．**写真2**の本が多くのCPU設計者に多大な影響を与えました．RISCとCISCのそれぞれの動きと，組み込みプロセッサがRISCに流れた経緯を解説し，具体的なアーキテクチャとして，MIPS，SuperH，V800/V850，ARMについてその概要と歴史を述べています．マルチコアについても言及しています．

写真2
Computer Architecture
: A QuantitativeApproach

新しい組み込みチップはCaliforniaから－SuperHやPowerPCは駆逐されるか－

（Interface 2005年9月号） 4ページ

　RMI社のXLRという8個のコアを持つマルチスレッド・プロセッサの誕生を説明し，日本発のCPUアーキテクチャが少ない理由を考察しています．

SHプロセッサのIP戦略を担う新会社「SuperH, Inc.」

（Design Wave Magazine 2001年6月号） 1ページ

　日立製作所とSTMicroelectronics社の合弁で設立した「SuperH, Inc.」なる会社についての考察を述べています．筆者の懸念は的中し，「SuperH, Inc.」の当初思惑は成功せず，会社は消滅しています．

RISCとDRAMを封止したMCMの開発

(Design Wave Magazine 2001年8月号) 6ページ

　SHマイコンとDRAMを1パッケージに搭載したマルチチップ・モジュールの概要とそのメリット，応用分野を解説しています（図1）．SHマイコンとしては，SH-3やSH-4を使用した例を挙げています．

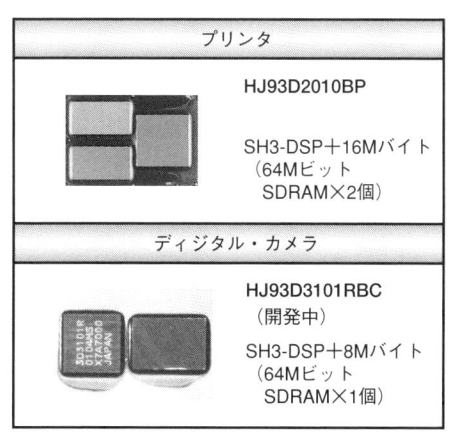

図1　マルチチップ・モジュール製品の応用分野

高性能LSI向けオンボード電源回路集

(Design Wave Magazine 2002年10月号) 11ページ

　低電圧で大電流な電源を要求するLSIを搭載したボードの電源設計手法を解説しています．
　SH-4，FPGA，DDRメモリを搭載した画像処理ボードを例にした，電源システムの設計の具体例です（図2）．

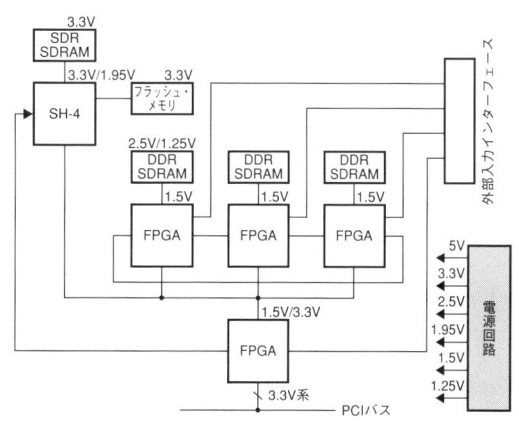

図2　画像処理ボードのブロック図と電源系統の例

プログラマブル・ロジックを集積したSHマイコンのすべて

(Design Wave Magazine 2002年1月号/2月号)　　前編11ページ　後編10ページ

　日立製作所では，SHマイコンにFPGAを内蔵する構想がありました．米国のベンチャ企業から技術導入して，CSoC（Configurable System on Chip）という名称で，約10,000ゲートおよび約50,000ゲート規模のFPGAブロックを内蔵した製品を検討していたのです（図4）．
　この記事の前編ではデバイスのハードウェア面について解説し，後編では開発環境について紹介していました．
　ところが，開発チームがチップの設計を完了させ，まさに明日，ファンドリにテープ・アウトするという日にマイコン事業トップの一声で開発中止が決まったのでした．理由は，顧客サポート体制の不足と売り上げ計画の不透明さからでした．当時既にこの記事が発表されていたにもかかわらずです．現在では当たり前になったCPUコアとFPGAの混載ですが，当時としては先進的すぎたのかもしれません．
　開発中止が決まった夜，開発チームはその悔しさから朝まで飲み明かしたとのことです．この製品が世に出ていれば，SHの運命もまた違ったものになっていたかもしれませんね．

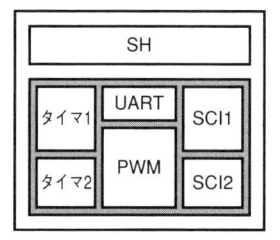

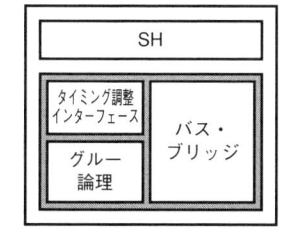

(a) 周辺機能の追加
(b) ユーザ固有バス・ブリッジ，インターフェース回路，グルー論理の取り込み
(c) 演算アクセラレータやデータ処理機能の追加

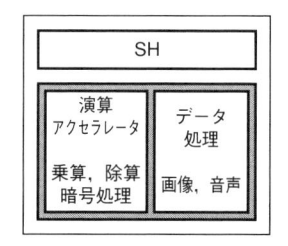

図4　CSoCの活用例

第5章 SH-2ファミリ

組み込み向けマイクロコントローラSH-2の詳細とその応用

　SH-2シリーズは，組み込み向けマイクロコントローラの代表格として幅広く普及した製品です．このためSH-2関連記事は数多くあります．

　例えばSH-2のアーキテクチャや周辺機能と使い方などのハードウェア関係の解説はもちろんですが，C言語による開発環境やデバッグ手法に至るまで，さまざまな角度からの詳細な解説があります．モータ/ロボット関係，SDHCカードのアクセス方法，カメラの制御などの製作事例や，Ethernet，Bluetooth，無線モデムといったコネクティビティに関する技術もあります．

　本書付属CD-ROMにPDFで収録されているSH-2関連記事の一覧を**表1**に示します．

表1　SH-2関連記事の一覧（複数に分類される記事は，ほかの章で概要を紹介している場合がある．第6章で紹介している，Interface 2006年6月号に付属されていたSH-2基板に関する記事は省いている）

記事タイトル	掲載号	ページ数	PDFファイル名
32ビット・マイクロコンピュータの世界へようこそ！	トランジスタ技術2001年6月号	10	2001_06_176.pdf
SH7045の概要とSH-2CPUコア	トランジスタ技術2001年6月号	12	2001_06_186.pdf
SH7045の内蔵周辺機能	トランジスタ技術2001年6月号	17	2001_06_198.pdf
C言語によるプログラム制作の実際	トランジスタ技術2001年6月号	15	2001_06_215.pdf
gccとGNUProによるソフトウェア開発の実際	トランジスタ技術2001年6月号	15	2001_06_230.pdf
組み込み用ボードの実例とリモート・デバッガの使い方	トランジスタ技術2001年6月号	10	2001_06_245.pdf
Bluetoothシステムのハードウェアと開発環境	トランジスタ技術2001年7月号	12	2001_07_236.pdf
自立型4脚ロボットの製作	トランジスタ技術2001年8月号	13	2001_08_235.pdf
CMOSイメージ・センサとSH7045Fの接続事例	トランジスタ技術2003年2月号	11	2003_02_186.pdf
TIrobo01-CQの全回路図	トランジスタ技術2006年9月号	21	2006_09_106.pdf
ロボット・システムTIrobo01-CQのハードウェア	トランジスタ技術2006年9月号	7	2006_09_127.pdf
JPEG対応組み込みシステム「ESPT」の概要	Interface 2002年1月号	7	if_2002_01_078.pdf
OFDM無線モデムの基礎技術と設計事例	Interface 2003年2月号	25	if_2003_02_059.pdf
二足歩行ロボットの制御回路の設計	Interface 2004年6月号	19	if_2004_06_060.pdf
マイクロプロセッサの選択と周辺回路設計	Interface 2005年1月号	14	if_2005_01_146.pdf
割り込みとメモリ・インターフェース回路の設計	Interface 2005年2月号	15	if_2005_02_165.pdf
入出力インターフェース回路の設計（その1）	Interface 2005年3月号	13	if_2005_03_190.pdf
車載LANに使われるCAN通信プロトコル	Interface 2005年4月号	11	if_2005_04_057.pdf
入出力インターフェース回路の設計（その2）	Interface 2005年4月号	10	if_2005_04_158.pdf
電源/クロック/リセットとメモリ・バスの設計	Interface 2005年5月号	11	if_2005_05_072.pdf
開発ツールとその使い方	Interface 2005年5月号	9	if_2005_05_129.pdf
JTAGデバッガ＆リアルタイムOSを使いこなす	Interface 2005年6月号	11	if_2005_06_140.pdf
電源容量不足を監視するWeb対応ネットワークUPSの開発	Interface 2006年3月号	2	if_2006_03_161.pdf
SH-2ベース組み込みマイコンを使ってみよう！	Interface 2006年5月号	13	if_2006_05_070.pdf
これがTIrobo01-CQだ！	Interface 2006年10月号	2	if_2006_10_052.pdf
まずは仕様出しから始めよう	Interface 2006年10月号	6	if_2006_10_054.pdf
ロボットの"足"となる台車のしくみ	Interface 2006年10月号	4	if_2006_10_060.pdf
物をつかんで離すアーム部のアーキテクチャ	Interface 2006年10月号	8	if_2006_10_064.pdf
統括制御モジュールのハード＆ソフト構成	Interface 2006年10月号	6	if_2006_10_072.pdf
ソフトウェア開発環境の構築＆使用方法	Interface 2006年10月号	6	if_2006_10_078.pdf
各種CPU対応GDBと拡張ベース・ボード対応GDBスタブの作成	Interface 2007年12月号	1	if_2007_12_126.pdf
ユニバーサル・カードを使ってSH-2＆V850を接続する	Interface 2008年12月号	12	if_2008_12_186.pdf
SHマイコンとFPGAを使ったACサーボモータの制御システムの設計	Interface 2010年1月号	13	if_2010_01_090.pdf
SDHCカードの組み込み機器への実装ノウハウ	Interface 2010年9月号	15	if_2010_09_114.pdf

SH-2入門

SH7045の概要と SH-2CPUコア

（トランジスタ技術 2001年6月号）　12ページ

　SH-2シリーズのベストセラー品，SH7045の製品概要と，SH-2 CPU命令セットの特徴，割り込みの仕様概要を解説しています．

SH7045の内蔵周辺機能

（トランジスタ技術 2001年6月号）　17ページ

　SH7045の内蔵周辺機能の概要説明です．I/O端子機能，外部バス・インターフェース，A-Dコンバータ，シリアル通信機能，内蔵タイマ，PWM出力機能，内部データ転送機能（DMAC/DTC）を説明しています．

32ビット・マイクロコンピュータの世界へようこそ！

（トランジスタ技術 2001年6月号）　10ページ

　H8からSHマイコンへの変遷の過程と，SHシリーズの全体概要を解説しています．

　SH-1, SH-2, SH-2E, SH2-DSP, SH-3, SH3-DSP, SH-4の各アーキテクチャを簡単に比較した説明があります（**写真1**）．

写真1　SH-2シリーズの外観

gccとGNUProによるソフトウェア開発の実際

（トランジスタ技術 2001年6月号）　15ページ

　SH-2のプログラムをgccで開発する手順とコツを解説しています．

　gccのインストールから，プログラム記述方法，コンパイル方法，リンカ・スクリプト，フラッシュ書き込み方法，ビルド用makeの記述方法などを解説しています．

C言語によるプログラム制作の実際

(トランジスタ技術 2001年6月号)　15ページ

　SH7045の学習用評価ボード(**写真2**)のハードウェアと, C言語によるプログラム開発方法について解説しています.

　SH-2のプログラムをC言語で記述するときに重要な知識として以下について解説しています.
・周辺レジスタの定義(unionとstructを使ったビット・フィールドを含む定義)
・割り込みマスクや低消費電力命令などのCPU特殊命令の記述方法
・main()前のベクタ・テーブルと初期化ルーチン
・セクションの考え方
・割り込みサービス・ルーチンの記述方法
・コード効率,性能向上のためのコード記述のコツ

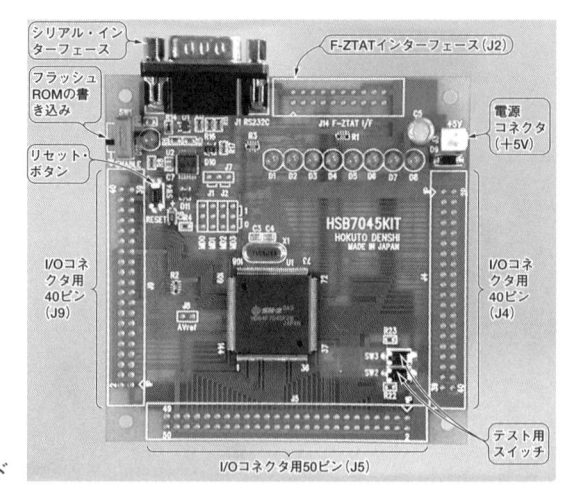

写真2
SH-2の学習用マイコン・ボード

組み込み用ボードの実例とリモート・デバッガの使い方

(トランジスタ技術 2001年6月号)　10ページ

　SH7045の組み込み用ボード(**写真3**)のハードウェア解説と, リモート・デバッガの紹介です.

　リモート・デバッガは, SH-2だけでなく, SH-1やSH-3にも対応しています. このリモート・デバッガは, gccでビルドしたコードを対象としており, そのgccで一般的に使われるデバッガgdbに替わるものです.

　あらかじめモニタ・プログラムをフラッシュメモリ内に常駐させます. ターゲット・デバイスとWindowsのホスト・パソコンの間はシリアルで通信し, GUI上から操作できます.

　SHマイコンに内蔵されているUBC(ユーザ・ブレーク・コントローラ)を有効活用しています.

写真3
SH7045を搭載したマイコン・ボード

連載 SH-2で始める組み込み設計入門

（Interface 2005年2月号～6月号）　　72ページ

● マイクロプロセッサの選択と周辺回路設計（第1回，2005年1月号）

二足歩行ロボット制御基板の設計に必要な知識として，クロック，リセット，動作モード，電源回路について設計事例を紹介しています．

● 割り込みとメモリ・インターフェース回路の設計（第2回，2005年2月号）

SH7047の割り込みと例外処理の解説と，SH7047の外部メモリ・インターフェースにSRAMとNORフラッシュ・メモリを接続した設計例を説明しています．

● 入出力インターフェース回路の設計（その1）（第3回，2005年3月号）

SH7047のパラレルI/Oポートの設定方法と，シリアル入出力インターフェースの使い方を説明しています．

● 入出力インターフェース回路の設計（その2）（第4回，2005年4月号）

SH7047のA-D変換回路とカウンタ/タイマについて解説しています．SH-2A（SH7206）を搭載した基板の設計例も示しています．

● 開発ツールとその使い方（第5回，2005年5月号）

SH-2/SH-2Aの開発ツールについて解説しています．アセンブラ，Cコンパイラなどのプログラミング言語処理ツール，デバッガ，シミュレータ，エミュレータおよびフラッシュ・メモリのプログラミング・ツールなど，組み込みシステム開発に必要な道具を概観しています．

● JTAGデバッガ＆リアルタイムOSを使いこなす（第6回，2005年6月号）

SH-2/SH-2Aのメーカ純正の開発環境であるクロス開発環境HEW（C/C++コンパイラ）とSHファミリ用E10A-USBエミュレータについて説明しています．

SH-2ベース組み込みマイコンを使ってみよう！

（Interface 2006年5月号）　　13ページ

SH7044F開発セット（評価基板と統合化開発環境．写真4）を使って，スイッチ入力とLED出力の簡単なプログラムを開発する例を説明しています．パラレルI/Oポートの使い方，割り込みの使い方，タイマの使い方を解説しています．

写真4　SH7044F開発セット

各種CPU対応GDBと拡張ベース・ボード対応GDBスタブの作成

（Interface 2007年12月号）　　1ページ

SH-2（SH7144）やSH-4A（SH7780）などの幾つかのCPU用のGCCデバッグ用のGDBスタブを紹介しています．

モータ/ロボット

SHマイコンとFPGAを使った ACサーボモータの制御システムの設計

(Interface 2010年1月号)　13ページ

　ACサーボモータの制御システムを設計する方法について解説しています．

　部品を選定するポイントや回転させるために必要なPWM制御，正弦波の作り方，電流ループやサーボ・コントローラの演算処理などについて説明しています．

　制御用マイコンにはSH-2(SH7084)を，ACサーボモータの制御回路にはFPGAを使用しています．

自立型4脚ロボットの製作

(トランジスタ技術 2001年8月号)　13ページ

　完全自立型の小型4脚ロボットの製作事例です．SH7045とFPGAを使用しています．

　RCサーボ・モジュールを15個制御し，その全ての回転位置情報をアナログ・スイッチ経由でCPUに取り込めるようになっています(写真5)．

写真5　Beastシリーズ(左からBeast，Beast3，Beast3b，Beast2)

二足歩行ロボットの制御回路の設計

(Interface 2004年6月号)　19ページ

　二足歩行ロボットの製作事例です(写真6)．メインCPUにはSH-2を使用し，1号機にはSH7045を，2号機にはSH7047を選択しています．

　RCサーボ制御信号発生回路をCPLDで構成した制御ボードを製作しています．

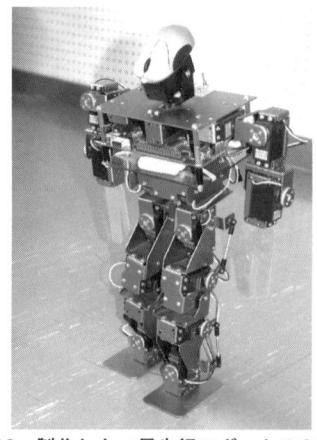

写真6　製作した二足歩行ロボットWSGH-1

特集 自律走行ロボット設計＆製作のすべて

(Interface 2006年10月号)

48ページ

● これがTIrobo01-CQだ！(プロローグ)

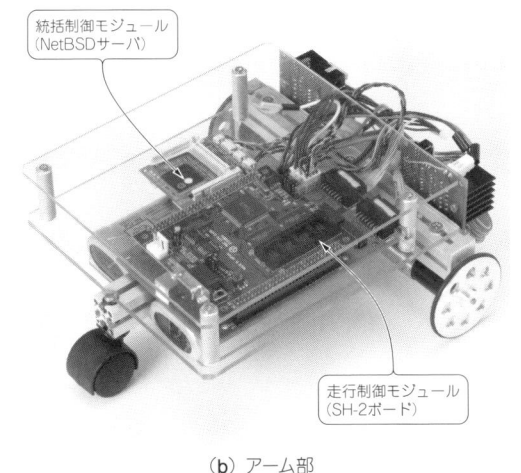

アームが付いた2輪独立駆動型のロボット「TIrobo01-CQ」(写真7)の設計＆製作過程の特集記事のプロローグです．

● まずは仕様出しから始めよう(第1章)

ロボット「TIrobo01-CQ」の構想を具体化していく過程を通して，ロボット作りに必要な知識や，仕様明確化に至る考え方について解説しています．

● ロボットの"足"となる台車の仕組み(第2章)

ロボット「TIrobo01-CQ」は，「モバイル・マニピュレータ」と呼ばれる形式のもので，台車部とアーム部から構成されています．本記事では，台車部の作り方について解説しています．

台車を駆動するDCモータはHブリッジ回路を通してPWM制御します(写真8)．モータ軸の回転角を計測するためにロータリ・エンコーダを使います．

● 物をつかんで離すアーム部のアーキテクチャ(第3章)

ロボット「TIrobo01-CQ」のロボット・アーム部は，頭脳となる統括制御モジュール(NetBSDサーバ)からのコマンドに応じて，姿勢を制御します．このアームは，市販のロボット・アームのキットに改造を施して製作しています．

アームの関節には関節角を計測するセンサ(ポテンショメータ)を，アームの手先には人検知センサ(焦電型赤外線センサ)と距離センサ(PSD：Position Sensitive Detector)を追加しています．

● 統括制御モジュールのハード＆ソフト構成(第4章)

ロボット「TIrobo01-CQ」の統括制御モジュールであるNetBSDサーバについて説明しています．まず，「TIrobo01-CQ」を構成するモジュールの全体構成について説明した後，NetBSDサーバのハードウェア構成，ソフトウェア構成について解説しています．

● ソフトウェア開発環境の構築＆使用方法(第5章)

統括制御モジュールとなるNetBSDサーバ上のユーザ・プログラムを作成するための開発環境の構築方法や開発手順について説明しています．

容易に環境が整えられるよう，VMware社の仮想マシン環境VMware Playerで再生可能なNetBSD/i386イメージを使っています．

(a) アーム部

(b) アーム部

写真7 2輪独立駆動型のロボットTIrobo01-CQ

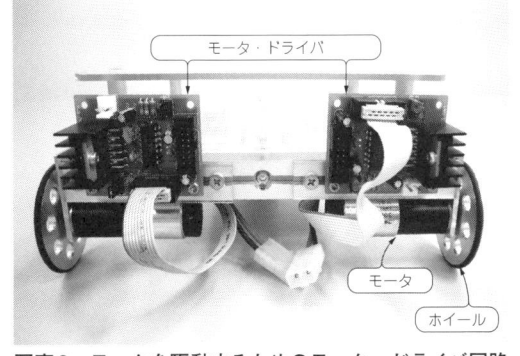

写真8 モータを駆動するためのモータ・ドライバ回路

ロボット・システム TIrobo01-CQ のハードウェア

（トランジスタ技術 2006年9月号） 7ページ

　5自由度アーム付き自走ロボットの製作事例です（**写真9**）．統括制御モジュールにSH-3のSH7709Sを使用し，UNIX互換のNetBSDを動作させています．走行制御モジュールにはSH-2のSH7045を使用しています．

写真9　5自由度アーム付き自走ロボットの外観（数十g程度のものなら十分にハンドリングできる）

通信/入出力インターフェース

Bluetooth システムのハードウェアと開発環境

（トランジスタ技術 2001年7月号） 12ページ

　Bluetoothモジュールと音声CODEC用ICの評価用ボード（**写真10**）の解説です．その制御にSH-2を使用しています．

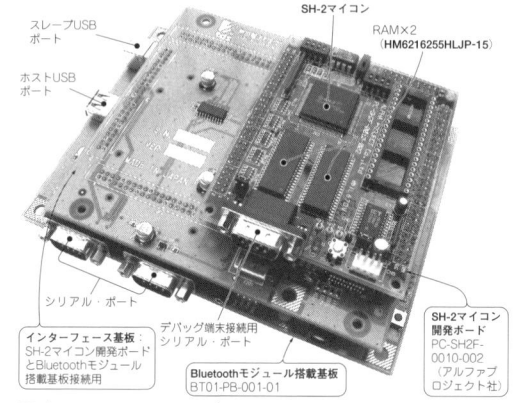

写真10　UBQ-Blue プロトコル・スタック評価用基板

CMOS イメージ・センサと SH7045F の接続事例

（トランジスタ技術 2003年2月号） 11ページ

　CMOSカメラ・モジュールの出力をCPLDを介してSH7045に取り込むシステムの製作事例です（**写真11**）．

　使用したCMOSカメラ・モジュールはI^2Cバスを通して初期設定しますが，SH7045にはI^2Cモジュールがないので，ポート2本をソフトウェア制御してI^2Cバスをエミュレーションしています．

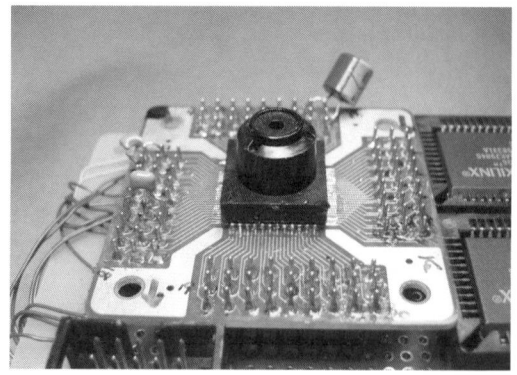

写真11　CMOS イメージ・センサと SH7045F の接続

SDHCカードの組み込み機器への実装ノウハウ

（Interface 2010年9月号） **15ページ**

SDHCカードを1ビットSPI通信で制御する方法を解説しています．SH-2（SH7144）による音声のリアルタイム録音再生アプリケーションの製作を通して，SDHCカード上のFATファイルをアクセスする方法を紹介しています．

電源容量不足を監視するWeb対応ネットワークUPSの開発

（Interface 2006年3月号） **2ページ**

Ethernetコントローラを内蔵したSH-2（SH7618）を使った，ネットワーク対応型UPS（無停電電源装置）の開発事例を解説しています（**写真12**）．

MMUレスのCPUで動作するLinuxライクなPOSIX準拠OS eBossカーネルを採用しています．

車載LANに使われるCAN通信プロトコル

（Interface 2005年4月号） **11ページ**

CAN（Controller Area Network）のプロトコル概要と，CANインターフェース内蔵マイコンを紹介しています．

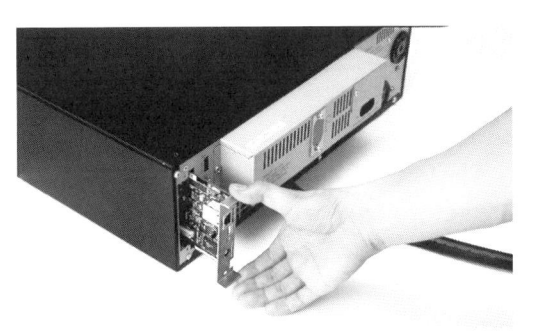

写真12　UPS（無停電電源装置）とUPS用ネットワーク・ボード

OFDM無線モデムの基礎技術と設計事例

（Interface 2003年2月号） **25ページ**

OFDM（Orthogonal Frequency Division Multiplexing）無線モデムの基本技術を解説しています．

短波帯の無線機に接続するOFDMデータ・モデムの製作事例を紹介しています（**写真13**）．OFDMの変調には高速フーリエ逆変換（IFFT）を使いますが，この演算にSH-2を使っています．SH-2の命令フェッチとデータ・アクセスが競合しないようにパイプライン動作を考慮しながら命令配置を工夫しています．

JPEG対応組み込みシステム「ESPT」の概要

（Interface 2002年1月号） **7ページ**

Ether MACを内蔵したSH2-DSP製品SH7615を搭載したボード「ESPT」を応用した遠隔監視システムの製作事例を紹介しています（**写真14**）．

写真13　モデムの内部基板

写真14　ESPTを用いた遠隔監視システム

第6章　SH-2(SH7144F)基板

Interface 2006年6月号付属基板とその応用
圓山 宗智

　Interface 2006年6月号には，SH-2シリーズのSH7144Fを搭載した基板が付属しました(**写真1**)．SH-2を書店で入手できるほど身近にさせてくれたということで，かなり話題になったと思います．SH7144Fは，高機能タイマ，A-D変換器，シリアル通信機能，外部バス・インターフェースなど，汎用マイコンとして使いやすい周辺機能を内蔵しており，動作周波数も50 MHzと高速であり，応用範囲が広いコントローラ向けマイコンです．

　この付属基板を中心とした記事が多く掲載されました．基板のハードウェア解説や拡張基板の説明から，SH7144Fの使い方，開発環境の詳細，リアルタイムOSの移植，さまざまな製作事例などが解説されています．開発環境については，純正の統合化開発環境HEWだけでなく，フリーのGCCを使ったビルド環境やデバッグ環境の立ち上げ方法の説明もあります．

　付属基板関連の記事は，基板自体が手元になくても役立つことが多いです．一般に付属基板はマイコンLSIの端子を2.54 mmピッチに引き出しているだけの変換基板の機能がメインであり，ほぼ素のデバイスと等価です．このため，ハードウェア回路関係の記事はマイコンLSI周りの回路を設計する際の参考になるし，開発環境やリアルタイムOSの立ち上げ手順と使い方も実システムを開発するときとほとんど同一です．アプリケーション・ソフトウェアのソース・コードは，そのマイコンを使いこなすときのヒントを多く含みます．このように，付属基板関連の記事は，マイコン活用のための総合的な情報として大変役立つと思います．

　SH-2(SH7144F)基板関連記事の一覧を**表1**に示します．

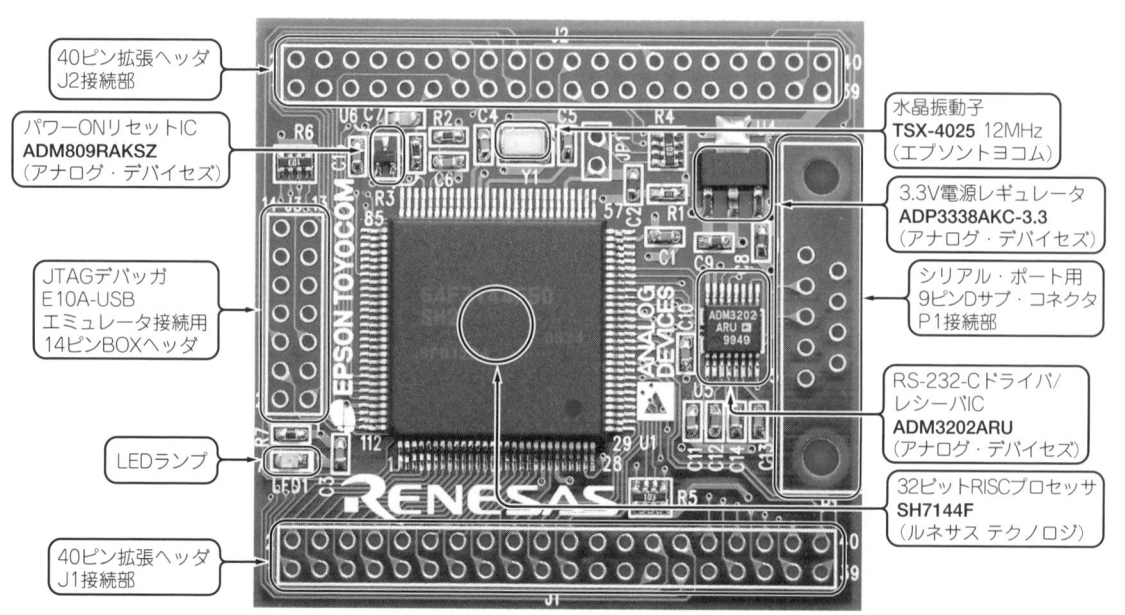

写真1　Interface 2006年6月号付属SH-2基板の外観

表1 SH-2(SH7144F)付属基板関連記事の一覧(複数に分類される記事は,ほかの章で概要を紹介している場合がある)

記事メイン・タイトル	掲載号	ページ数	PDFファイル名
CMOSイメージ・センサ画像処理ボードの設計	トランジスタ技術2009年7月号	10	2009_07_123.pdf
SH-2基板で始める組み込みマイクロプロセッサ入門	Interface 2006年6月号	8	if_2006_06_068.pdf
SuperHファミリとSH-2のポジション	Interface 2006年6月号	5	if_2006_06_076.pdf
SH7144F/7145Fのアーキテクチャと内蔵周辺回路	Interface 2006年6月号	11	if_2006_06_081.pdf
マイクロプロセッサ周辺回路の設計−電源,クロック,リセット回路	Interface 2006年6月号	12	if_2006_06_092.pdf
SH7144Fの入出力インターフェースとGPIOプログラミング	Interface 2006年6月号	7	if_2006_06_121.pdf
シリアル通信インターフェースのプログラミング	Interface 2006年6月号	7	if_2006_06_128.pdf
A-D変換回路とプログラミング	Interface 2006年6月号	6	if_2006_06_135.pdf
豊富な機能と性能を備えたカウンタとタイマ機能	Interface 2006年6月号	6	if_2006_06_141.pdf
割り込み処理のプログラミング	Interface 2006年6月号	5	if_2006_06_147.pdf
電子オルゴールの製作	Interface 2006年7月号	10	if_2006_07_044.pdf
フィードバック制御による倒立ロボットの製作	Interface 2006年7月号	9	if_2006_07_070.pdf
GCCでSH-2のプログラムを作ってみよう	Interface 2006年7月号	19	if_2006_07_079.pdf
オリジナル・モニタ・プログラムを作ろう	Interface 2006年7月号	9	if_2006_07_097.pdf
GNUフリー・ソフトウェアGDBを使ったデバッグ手法	Interface 2006年7月号	15	if_2006_07_107.pdf
組み込み開発でのC言語記述におけるトレードオフ	Interface 2006年7月号	2	if_2006_07_122.pdf
SH-2付録基板用μITRON TOPPERS開発ツール	Interface 2006年8月号	10	if_2006_08_044.pdf
μITRON4.0仕様書を片手にsample1を読む	Interface 2006年8月号	7	if_2006_08_054.pdf
TOPPERS/JSPを理解するためのμITRON4.0仕様	Interface 2006年8月号	9	if_2006_08_061.pdf
SH-2付録基板でのTOPPERS/OSEKカーネルの実行	Interface 2006年8月号	14	if_2006_08_070.pdf
TOPPERS/OSEKカーネル移植作業の実際	Interface 2006年8月号	13	if_2006_08_084.pdf
Smalight OSによるプログラミング	Interface 2006年8月号	11	if_2006_08_097.pdf
SH-2付録基板でNucleus PLUSを動作させる	Interface 2006年8月号	5	if_2006_08_108.pdf
NORTiをSH-2付録基板で動作させよう	Interface 2006年8月号	14	if_2006_08_113.pdf
SH-2付録基板でMP3プレーヤを作ろう	Interface 2006年10月号	6	if_2006_10_122.pdf
EclipseによるSH-2付録基板のプログラム開発	Interface 2006年10月号	15	if_2006_10_133.pdf
Eclipseと実機ターゲット・ボードのJTAGデバッガによる接続事例	Interface 2006年10月号	5	if_2006_10_148.pdf
SH-2付録基板用ベースボード開発中!	Interface 2006年10月号	1	if_2006_10_153.pdf
OS検証の自動実行による信頼性向上の手法	Interface 2006年10月号	12	if_2006_10_163.pdf
自分流クリスマス・イルミネーション	Interface 2007年1月号	8	if_2007_01_147.pdf
SH-2&V850付属基板対応拡張ベース・ボードの設計(前編)	Interface 2007年12月号	7	if_2007_12_128.pdf
SH-2&V850付属基板対応拡張ベース・ボードの設計(中編)	Interface 2008年2月号	8	if_2008_02_138.pdf
SH-2/V850マイコン基板向け浮動小数点演算プログラムの作成	Interface 2008年3月号	12	if_2008_03_146.pdf
センサの大敵,ノイズに打ち勝ち,意味のあるデータを取得しよう	Interface 2010年1月号	5	if_2010_01_067.pdf
ソフトウェア資産の再利用と移植性の高いプログラミング方法	Interface 2010年1月号	8	if_2010_01_072.pdf

Interface 2006年6月号 付属基板 活用の基礎

マイクロプロセッサ周辺回路の設計 －電源，クロック，リセット回路

（Interface 2006年6月号） **12ページ**

　SH-2(SH7144)搭載基板の，電源回路，リセット回路，発振回路について解説しています．

SH-2基板で始める 組み込みマイクロプロセッサ入門

（Interface 2006年6月号） **8ページ**

　SH-2(SH7144F)搭載基板のハードウェアを解説しています．

SH-2付属基板用ベースボード 開発中

（Interface 2006年10月号） **1ページ**

　SH-2基板用ベースボードの紹介です（**写真2**）．LANコントローラ，CompactFlash & MMC(SD)カード・コントローラ，USBターゲット・コントローラなどが搭載されています．

写真2　SH-2付属基板のベースボード

SH-2 & V850付属基板対応 拡張ベース・ボードの設計

（Interface 2007年12月号/2008年2月号）

前編7ページ **中編8ページ**

　SH-2基板用ベースボードの具体的な解説です．SH-2基板だけでなく，V850基板のベースボードも兼用できます．

　SH-2 & V850基板用ベースボード（**写真3**）のCPLD内に実装したステート・マシンや，各種オンボード・コントローラとCPUとの接続部分を解説しています．

写真3
SH-2 & V850
付属基板対応
拡張ベース・
ボード

SuperHファミリと SH-2のポジション

（Interface 2006年6月号）　　5ページ

SHシリーズの中でのSH-2の位置づけを解説しています．SH7144の前身であるSH7044/SH7045との違いを説明しています．

SH7144Fの入出力インターフェースとGPIOプログラミング

（Interface 2006年6月号）　　7ページ

SH7144Fに内蔵されているパラレル入出力インターフェースの使い方を解説しています．

SH7144F/7145Fの アーキテクチャと内蔵周辺回路

（Interface 2006年6月号）　　11ページ

SH7144の仕様の概要と，周辺機能，端子機能，外部バス・インターフェースについて説明しています．

シリアル通信インターフェースのプログラミング

（Interface 2006年6月号）　　7ページ

SH7144Fに内蔵されているシリアル入出力インターフェース（調歩同期式シリアル）の使い方を解説しています．

A-D変換回路とプログラミング

（Interface 2006年6月号）　　6ページ

SH7144Fに内蔵されている10ビットA-D変換器の使い方を解説しています．

割り込み処理のプログラミング

（Interface 2006年6月号）　　5ページ

SH7144Fの割り込みコントローラについて説明しています．

豊富な機能と性能を備えた カウンタとタイマ機能

（Interface 2006年6月号）　　6ページ

SH7144Fに内蔵されている下記のタイマについて概説しています．
- CMT（コンペア・マッチ・タイマ）
- WDT（ウォッチドッグ・タイマ）
- MTU（マルチファンクション・タイマ・ユニット）

SH-2/V850マイコン基板向け 浮動小数点演算プログラムの作成

（Interface 2008年3月号）　　12ページ

SH-2とV850向けの浮動小数点演算ライブラリを作成しています．浮動小数点演算の考え方を詳しく解説しています．

SHマイコン活用記事全集　　61

開発環境とC言語

GCCでSH-2のプログラムを作ってみよう

（Interface 2006年7月号） 19ページ

　SH-2の開発環境の選択肢として，GNUが提供するフリーのC言語開発環境があります．本記事では，そのセットアップとプログラミングの方法，さらにC言語標準ライブラリのセットアップまでを解説します．

オリジナル・モニタ・プログラムを作ろう

（Interface 2006年7月号） 9ページ

　GNUクロス開発環境とC言語標準関数ライブラリでモニタ・プログラムを作成しています．シリアル・ターミナルから，メモリの読み書き，レジスタ値のダンプ，プログラムのダウンロードなどが可能です．

GNUフリー・ソフトウェアGDBを使ったデバッグ手法

（Interface 2006年7月号） 15ページ

　GNUクロス開発環境のデバッガGDBを使用した，デバッグ環境の構築方法と使い方を説明しています．
　GDB専用の小さなモニタ・プログラムGDBスタブをフラッシュ・メモリに常駐させ，GDBのGUI環境であるInsightを使って，SH7144F搭載付属基板をデバッグできるようにします（**図1**）．

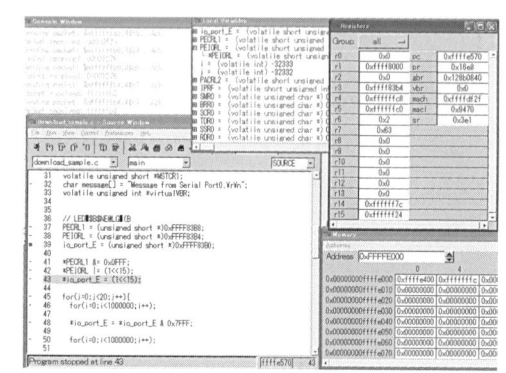

図1　Insightによるデバッグの様子

EclipseによるSH-2付録基板のプログラム開発

（Interface 2006年10月号） 15ページ

　SH-2用のGUIベースの統合化開発環境をフリーのEclipse（**図2**）とGNUツール・チェーンを使って構築する手順を説明しています．

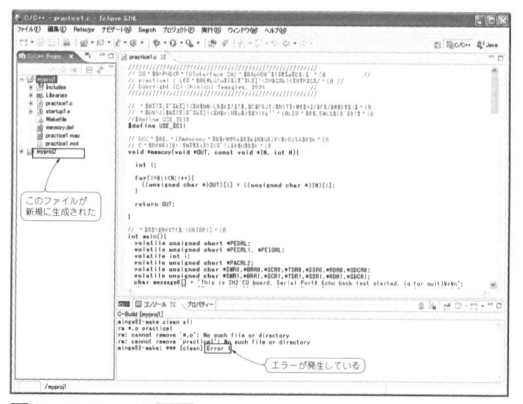

図2　Eclipseの画面

Eclipseと実機ターゲット・ボードのJTAGデバッガによる接続事例

（Interface 2006年10月号）　5ページ

　Eclipseベースの統合化開発環境（Pizza Factory3）からSH-2実機ターゲットをデバッグする方法を説明しています．

　GDBスタブを使ってシリアル通信でデバッグする方法と，TCP/IP経由でJTAGデバッガを使ってデバッグする方法を紹介しています．

組み込み開発でのC言語記述におけるトレードオフ

（Interface 2006年7月号）　2ページ

　C言語の文法の中で，メモリ領域のビット操作を行うための特殊な記述である共用体とビット・フィールドという文法があります．この文法を使って内蔵周辺レジスタとその中のビット・フィールドを定義する際は，周辺レジスタによってはハードウェア的にアクセス幅が限定されていることがあるので，生成されるコードによってはうまく動作しない可能性があります．その注意点と対策について解説しています．

SH-2付録基板用μITRON TOPPERS開発ツール

（Interface 2006年8月号）　10ページ

　SH-2（SH7144F）基板に，フリーなμITRON実装であるTOPPERS/JSPを動作させるための開発環境の立ち上げ方法を説明しています．開発環境は，Eclipseベースの統合化開発環境（Pizza Factory3）とgccから構成されます（図3）．

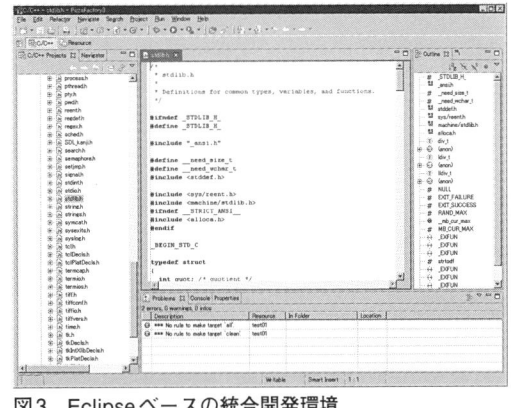

図3　Eclipseベースの統合開発環境

μITRON4.0仕様書を片手にsample1を読む

（Interface 2006年8月号）　7ページ

　TOPPERS/JSPは，「μITRON4.0仕様スタンダード・プロファイル」に準拠しています．この仕様に基づき記述された簡単なサンプル・プログラムを使って，コンフィグレータ，タスク，周期ハンドラ，割り込みの概念，記述方法，使い方を具体的に解説しています．

SH-2付録基板でのTOPPERS/OSEKカーネルの実行

（Interface 2006年8月号）　14ページ

　本記事では，車載向け用途OSであるTOPPERS/OSEKカーネルについて解説しています．
　カーネル本体の仕様とシステム・サービスについて解説した後，コンフィグレーション・ファイルOILとシステム・コンフィグレータについて解説しています．

TOPPERS/JSPを理解するためのμITRON4.0仕様

（Interface 2006年8月号）　9ページ

　μITRON4.0仕様スタンダード・プロファイルの全体像を解説しています．OSとして必要な概念から始まり，組み込み制御で重要な省資源やリアルタイム性にかかわる仕様を説明しています．

TOPPERS/OSEKカーネル移植作業の実際

（Interface 2006年8月号）　13ページ

　TOPPERS/OSEKカーネルのSH-2への移植作業について解説しています．
　TOPPERS/OSEKカーネルに，SH-2固有の割り込み処理などCPUアーキテクチャに依存する部分を移植する方法を説明しています．

OS検証の自動実行による信頼性向上の手法

（Interface 2006年10月号）　12ページ

　SH-2（SH7144F）に移植したTOPPERS/OSEKカーネルについての適合試験と性能評価，およびそれらを自動で実施するための自動実行環境（図4）について紹介しています．

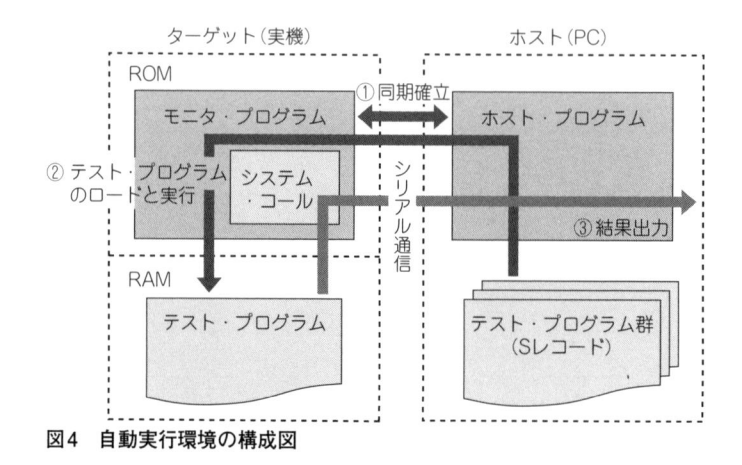

図4　自動実行環境の構成図

Smalight OS による プログラミング

(Interface 2006年8月号)　　11ページ

　Smalight OSはμITRONと同等のサービス・コールを持ち，RAM容量数十～30バイト程度でも動作することが可能な軽量OSです．

　本記事ではSmalight OSを使ったプログラミングを解説し，ユーティリティとして簡易モニタ・タスクを紹介しています．

SH-2付録基板で Nucleus PLUS を動作させる

(Interface 2006年8月号)　　5ページ

　ロイヤリティ・フリーでソース・コードが提供されているRTOSのNucleus PLUSを，SH-2(SH7144F)基板に移植し，サンプル・プログラムを動作させるまでを解説しています．

　Nucleus PLUSはROMが30Kバイト前後，RAMは4Kバイト程度でも動作する軽量OSです．

NORTiを SH-2付録基板で動作させよう

(Interface 2006年8月号)　　14ページ

　μITRON仕様準拠のリアルタイムOSであるNORTi(写真4)をSH-2(SH7144F)基板上で動作させています．

　SH-2向けGUI統合環境であるHEW上でビルドを行う手順を解説した後，外部SRAMを使用する場合のメモリ・マップの違いとビルド方法について解説しています．

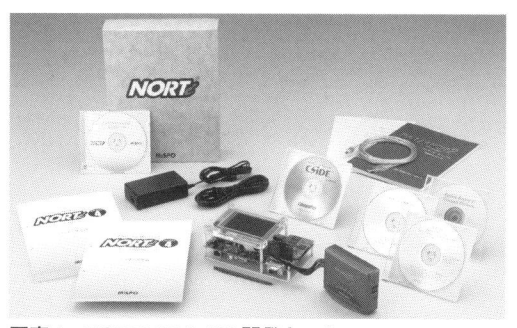

写真4　NORTi PRO SH 開発キット

CMOSイメージ・センサ画像 処理ボードの設計

(トランジスタ技術 2009年7月号)　　10ページ

　CMOSイメージ・センサで取り込んだ画像をSDカードに記録するシステムの製作事例です(写真5)．

　CMOSイメージ・センサ制御のためのタイミング生成などにFPGAを使っています．SDカードのファイル・アクセスはFatFsライブラリを使用しています．

写真5　画像処理ボード

製作事例

SHマイコン活用記事全集

自分流クリスマス・イルミネーション

(Interface 2007年1月号)　　8ページ

　SH-2(SH7144F)基板で，LEDイルミネーション(**写真6**)を制御する製作記事です．複数のLEDを直並列接続して，モータ・ドライバ回路で駆動しています．LED電流は定電流ダイオードCRD(Current Regulative Diode)で制御しています．

写真6　クリスマス・イルミネーション

電子オルゴールの製作

(Interface 2006年7月号)　　10ページ

　SH-2(SH7144F)基板を使って，電子オルゴールを製作しています(**写真8**)．
　SH-2用の超小型BASICインタプリタに，波形メモリ音源を使うオルゴール・コマンドを実装しています．

写真8　電子オルゴール

SH-2付録基板でMP3プレーヤを作ろう

(Interface 2006年10月号)　　6ページ

　SH-2(SH7144F)基板を使ったMP3プレーヤの製作記事です(**写真7**)．
　MP3のデコードのために外部にVS1011(VLSI Solution社)を置き，SH-2からデータをシリアル通信で送ります．
　MP3データはUSBメモリやCFメモリ・カードに格納します．これにはスクリプト言語により簡単にUSBメモリやCFメモリを取り扱うことが可能なモジュール「T&D ProDigio開発セット」を使用しています．SH-2とはI^2C通信で接続します．

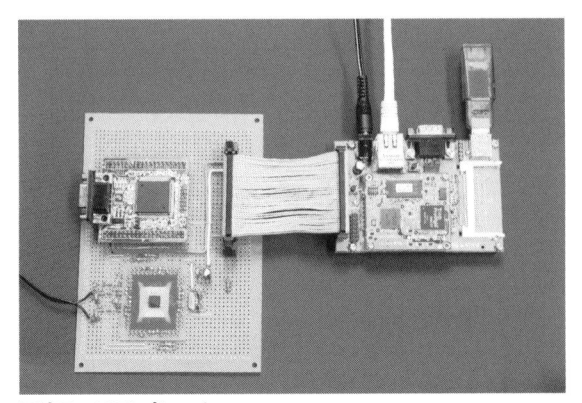

写真7　MP3プレーヤ

センサの大敵, ノイズに打ち勝ち, 意味のあるデータを取得しよう

(Interface 2010年1月号)　　5ページ

　センサに入るノイズをソフトウェアで除去する具体例を, ライン・トレース・カーの光センサを例に解説しています(写真9).

写真9　ライン・トレース・カーのセンサ値の取得

ソフトウェア資産の再利用と移植性の高いプログラミング方法

(Interface 2010年1月号)　　8ページ

　メーカの異なる三つのCPUを使用してライン・トレース・カーを実現することを通して(写真10), 移植性・汎用性の高いプログラムを作成するコツを具体的に解説しています.

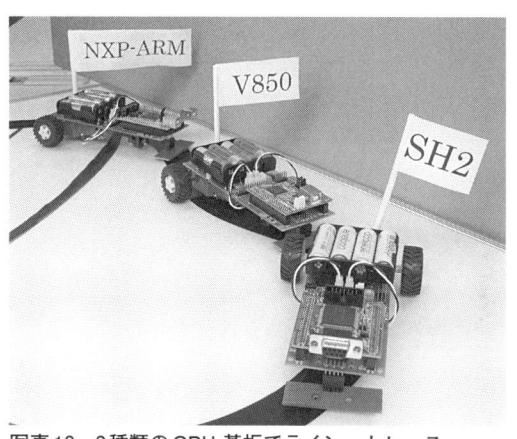

写真10　3種類のCPU基板でライン・トレース

フィードバック制御による倒立ロボットの製作

(Interface 2006年7月号)　　9ページ

　SH-2(SH7144F)基板を使って, 車輪型倒立振子を制御する製作事例です(写真11).

　本体の傾きをジャイロ・センサで検知してその出力電圧をA-D変換器で取り込んでいます.

　モータの回転角度はロータリ・エンコーダで検出して, タイマMTUの位相係数モードで取り込んでいます.

　モータ(DC)は, Hブリッジ・ドライバ回路を通してMTUのPWMで制御しています. モータの電流もA-D変換器で検出しています.

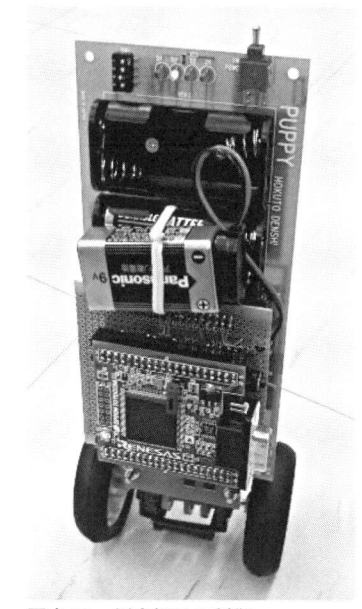

写真11　倒立振子の制御

第7章　SH-2Aファミリ

超高性能スーパスカラ・コントローラSH-2Aの詳細とその応用

圓山 宗智

　SH-2Aシリーズは，スーパスカラ・アーキテクチャの高性能CPUを備えた，組み込み向けコントローラの中では最高峰に位置づけできる製品です．デュアルコア製品も含め，現在のSHマイコン・シリーズの中では積極的に製品展開が進められてきたシリーズです．

　SH-2A関連の一般記事としては，そのCPUコア周りのアーキテクチャに関する解説記事と，SH-2Aを題材にしたC言語の基礎解説の記事が多くあります．

　SH-2Aは，コンパイラの性能を従来以上に最適化させるための命令セット・アーキテクチャを採用しており，16ビット固定長命令しか持たないSHシリーズ(SH-1/2/3/4)に比べて飛躍的にコード性能とコード効率が向上しています．C言語系の記事を通して，Cコンパイラが生成した命令コードを眺めてみると面白いと思います．

　Interface 2010年6月号には，SH-2AシリーズのSH7262を搭載した基板が付属しました(**写真1**)．SH7262は，大容量RAMを内蔵したROMレス品で，付属基板は外部のシリアルROMからブートできるようになっていました．ビデオ・コントローラや480MbpsのUSBホスト/ターゲット・コントローラなどを内蔵した極めて高性能・高機能な製品です．付属基板に関連した拡張基板が発売され，関連記事も多く掲載されました．

　基板のハードウェア解説から，SH7262の周辺機能の使い方，開発環境の立ち上げ，リアルタイムOSの技術解説から始まり，製作記事では，MP3プレーヤや，LCDパネルを使ったディジタル・フォト・フレームなどが発表されました．コネクティビティ関係ではUSBはもちろん，EthernetやSD/MMCカードの解説があります．またライン・トレース・カーにOSを移植して制御する製作記事もありました．

　付属基板関連の記事は，ハードウェア，開発環境，OS，ソフトウェア，アプリケーションにまたがる総合的な知識を得ることができますので，システム開発をする上でのヒントを多角的に得られると思います．

　本書付属CD-ROMにPDFで収録されているSH-2A関連一般記事の一覧を**表1**に示します．

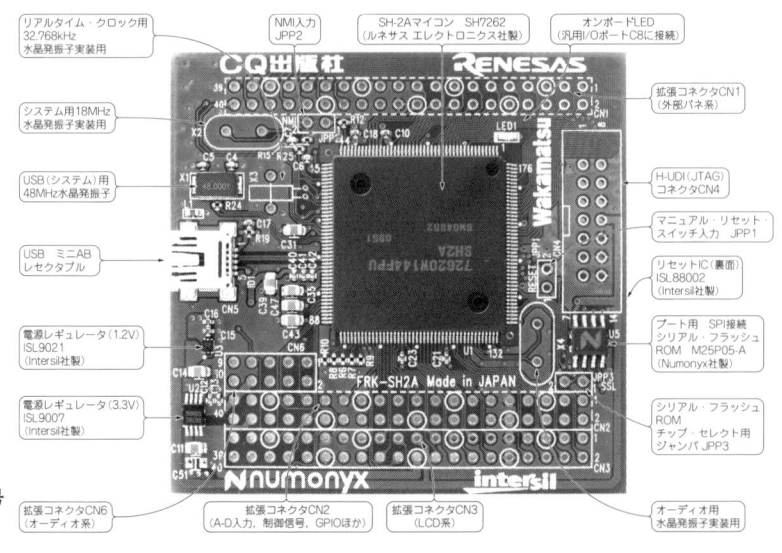

写真1
Interface 2010年6月号
付属SH-2A基板

表1 SH-2A関連記事の一覧(複数に分類される記事は，ほかの章で概要を紹介している場合がある)

記事タイトル	掲載号	ページ数	PDFファイル名
入出力インターフェース回路の設計(その2)	Interface 2005年4月号	10	if_2005_04_158.pdf
開発ツールとその使い方	Interface 2005年5月号	9	if_2005_05_129.pdf
JTAGデバッガ&リアルタイムOSを使いこなす	Interface 2005年6月号	11	if_2005_06_140.pdf
SH-2Aのマルチコア化とソフトウェアの対応	Interface 2008年4月号	10	if_2008_04_154.pdf
高性能SH-2Aマイコンで何ができる？	Interface 2010年6月号	2	if_2010_06_068.pdf
付属SH-2Aマイコン基板の使い方	Interface 2010年6月号	12	if_2010_06_070.pdf
SH-2A製品の展開とSH7262の機能	Interface 2010年6月号	11	if_2010_06_088.pdf
開発ツールHEWの使い方とサンプル・プログラムの作り方	Interface 2010年6月号	12	if_2010_06_099.pdf
安価なJTAGデバッガで付属SH-2A基板をデバッグしよう	Interface 2010年6月号	3	if_2010_06_111.pdf
タイマ・コントローラと割り込みの使い方	Interface 2010年6月号	6	if_2010_06_114.pdf
アナログ情報を取り込むA-Dコンバータの使い方	Interface 2010年6月号	10	if_2010_06_120.pdf
シリアル・フラッシュROMのアップデート手順	Interface 2010年6月号	1	if_2010_06_130.pdf
光ディジタル・オーディオ・インターフェースを実装する(ハードウェア編)	Interface 2010年6月号	3	if_2010_06_131.pdf
CPU内蔵LCDコントローラを使った液晶表示制御事例	Interface 2010年6月号	11	if_2010_06_134.pdf
SH-2Aマイコンでこんなことができるぞ！	Interface 2010年7月号	2	if_2010_07_036.pdf
グラフィックス&フォント描画の基本	Interface 2010年7月号	13	if_2010_07_038.pdf
SH7262のアナログRGB出力実験	Interface 2010年7月号	4	if_2010_07_051.pdf
タッチ・パネル制御の基本と応用	Interface 2010年7月号	7	if_2010_07_055.pdf
メモリ・カードとFATファイル・システムの実装	Interface 2010年7月号	10	if_2010_07_062.pdf
ブート・ローダの仕組みとプログラムのROM化	Interface 2010年7月号	4	if_2010_07_072.pdf
CPU内蔵USBホスト・コントローラ制御の基本	Interface 2010年7月号	12	if_2010_07_076.pdf
仮想シリアル・ダウンローダの使い方	Interface 2010年7月号	2	if_2010_07_088.pdf
高機能タイマ・コントローラやPWMコントローラを使ったPWM信号の生成	Interface 2010年7月号	11	if_2010_07_090.pdf
光ディジタル・オーディオ・インターフェースを実装する(ソフトウェア編)	Interface 2010年7月号	3	if_2010_07_101.pdf
SH-2A対応GCCによるクロス開発環境の構築と使い方	Interface 2010年7月号	11	if_2010_07_104.pdf
KPIT Cummins GCCのインストールと使い方	Interface 2010年7月号	7	if_2010_07_115.pdf
printfの「超」簡単な実装方法	Interface 2010年8月号	3	if_2010_08_052.pdf
C言語の文法を本質から理解しよう！	Interface 2010年8月号	11	if_2010_08_055.pdf
プログラムが実行されるまでの動きを理解しよう！	Interface 2010年8月号	10	if_2010_08_066.pdf
ハードウェアを制御するプログラムを作成する方法	Interface 2010年8月号	8	if_2010_08_094.pdf
簡易MP3プレーヤを作ろう！	Interface 2010年8月号	13	if_2010_08_102.pdf
SH-2A/SH-2A-FPUプログラミング・テクニック	Interface 2010年8月号	10	if_2010_08_116.pdf
付属SH-2Aマイコン基板でリアルタイムOSを動かす	Interface 2010年8月号	8	if_2010_08_126.pdf
SH-2Aマイコン基板対応LCD拡張ボードいよいよ登場	Interface 2010年8月号	3	if_2010_08_134.pdf
SH-2Aマイコン基板用SD/MMCカード対応ローダの製作	Interface 2010年9月号	7	if_2010_09_129.pdf
SH-2A/SH-2A-FPUプログラミング・テクニック	Interface 2010年9月号	10	if_2010_09_152.pdf
SH-2Aの外部バスの活用とNE2000互換LANコントローラの接続事例	Interface 2010年10月号	10	if_2010_10_113.pdf
SH-2Aマイコン基板対応拡張ボード活用通信	Interface 2010年10月号	2	if_2010_10_124.pdf
SH-2Aマイコンによる本格的MP3プレーヤの製作	Interface 2010年11月号	11	if_2010_11_131.pdf
ライン・トレース・カーの製作(OS移植編)	Interface 2010年11月号	7	if_2010_11_142.pdf
ライン・トレース・カーの製作(トレース・カー製作編)	Interface 2010年12月号	11	if_2010_12_162.pdf
SH-2A基板で簡易ディジタル・フォト・フレームを作ろう！	Interface 2010年12月号	7	if_2010_12_175.pdf
SH-2Aマイコンによる本格的MP3プレーヤの製作	Interface 2010年12月号	9	if_2010_12_183.pdf
SH-2Aマイコン+SPI接続LANモジュールでお手軽ネットワーク接続	Interface 2010年12月号	11	if_2010_12_193.pdf
組み込み向け32ビットRISCコアSH-2Aの開発	Design Wave Magazine 2004年10月号	11	dwm008301191.pdf

SH-2Aのマルチコア化とソフトウェアの対応

（Interface 2008年4月号）　**10ページ**

　SH-2Aマイコンをデュアルコア化したSH2A-DUALについて，CPUの起動方法からOS，アプリケーションの対応まで解説しています．

プログラムが実行されるまでの動きを理解しよう！

（Interface 2010年8月号）　**10ページ**

　SH-2AのCコンパイラを題材にして，組み込み用Cプログラムのビルドの流れ，メモリ・マッピング（セクション）などの基本的な考え方を解説しています．

組み込み向け32ビットRISCコアSH-2Aの開発

（Design Wave Magazine 2004年10月号）　**11ページ**

　コントローラ向けCPUの最高峰，SH-2Aをその開発者自らが解説しています．生まれた背景，アーキテクチャ上の工夫，新規命令セット，ベンチマークなど，SH-2Aコアに盛り込んだ技術全般を網羅しています（図1）．

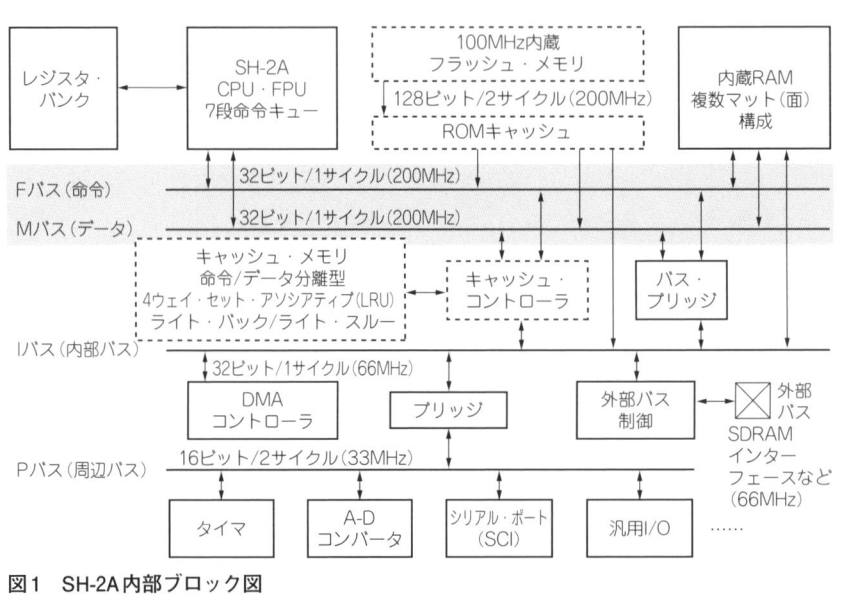

図1　SH-2A内部ブロック図

printfの「超」簡単な実装方法

（Interface 2010年8月号） 3ページ

　組み込み機器のデバッグ用として手軽にprintfを実装する方法を紹介しています．

　具体的にはSH-2Aのシリアル（UART）から出力する方法を説明しています．

C言語の文法を本質から理解しよう！

（Interface 2010年8月号） 11ページ

　C言語の文法の基本的な解説記事です．

　SH-2Aを使ってメモリ上の変数の割り当て状況や，I/Oポートを制御してLEDを点滅させるプログラムの詳細などを解説しています．コンパイラの最適化に関する注意点も述べています．

SH-2A/SH2A-FPU プログラミング・テクニック

（Interface 2010年8月号/9月号）

前編10ページ　後編10ページ

　前編では，SH-2Aのレジスタ・バンクや浮動小数点演算ユニット（FPU），キャッシュ・メモリの各アーキテクチャを解説して，それぞれの性能を引き出すためのプログラミング方法を紹介しています．

　後編では，SH-2Aのアーキテクチャに適したCコンパイラのオプション指定の方法や最適化のコツ，および内蔵大容量RAMの効果的な活用方法について解説しています．

高性能SH-2Aマイコンで何ができる？

（Interface 2010年6月号） 2ページ

　SH7262は，最大動作クロック周波数が144MHzで，1Mバイトという大容量のRAMを内蔵しています．さらにビデオ・コントローラや480Mbpsハイ・スピード対応USBホスト&ターゲット・コントローラなど豊富な周辺機能を内蔵している高機能マイコンです．

SH-2Aマイコンでこんなことができるぞ！

（Interface 2010年7月号） 2ページ

　SH-2A付属基板による各種製作事例の紹介です．

Interface 2010年6月号 付属SH-2A基板の使い方

ブート・ローダの仕組みと プログラムのROM化

（Interface 2010年7月号）　**4ページ**

　SH7262は電源ON時に外部のROMからプログラムを読み込んで起動します．
　本記事では，SH-2A基板に搭載されているシリアル・フラッシュ・メモリへのプログラム書き込み方法とブート方法を説明しています．

付属SH-2Aマイコン基板の 使い方

（Interface 2010年6月号）　**12ページ**

　SH7262の特徴の解説から始まり，SH-2A（SH7262）基板の回路構成や使い方について解説しています．各種コネクタの用途やジャンパの設定や意味，電源供給方法やブート用シリアル・フラッシュ・メモリとブート・ローダの動作などについても説明しています．

シリアル・フラッシュROMの アップデート手順

（Interface 2010年6月号）　**1ページ**

　SH-2A基板のブート用シリアル・フラッシュ・メモリに格納されたシリアル接続HEWモニタ・プログラムをアップデートする方法を説明しています．

ハードウェアを制御する プログラムを作成する方法

（Interface 2010年8月号）　**8ページ**

　SH-2AによるMP3プレーヤの構築を題材にして，ハードウェアを制御するプログラムを作成するための思考過程と手順を解説しています．

SH-2A製品の展開と SH7262の機能

（Interface 2010年6月号）　**11ページ**

　SH7262は，FPU機能を持つSH-2A（SH2A-FPU）をコアに持つ高性能・高機能マイコンです．本記事ではこの製品の全体概要と，内蔵大容量RAMのメリット，LCD表示コントローラの特徴，ブート機能などについて解説しています．

アナログ情報を取り込む A-Dコンバータの使い方

（Interface 2010年6月号）　**10ページ**

　SH7262に内蔵された10ビットA-D変換器の機能と使い方を説明しています．
　A-D変換結果を拡張ボードの7セグメントLEDに表示するプログラムを紹介しています．
　A-D変換終了時の割り込みやDMA転送要求で変換データを取り出す例も解説しています．

タイマ・コントローラと 割り込みの使い方

（Interface 2010年6月号）　**6ページ**

　SH7262のタイマと割り込みを使ったLED点滅プログラムの内容について解説しています．

SH-2A対応GCCによる クロス開発環境の構築と使い方

（Interface 2010年7月号）　**11ページ**

　SH-2A対応のGCC環境によるクロス開発環境の構築と，SH-2A基板のプログラム開発方法を具体的に説明しています．
　GDBスタブによるデバッガも立ち上げています．

高機能タイマ・コントローラや PWMコントローラを使った PWM信号の生成

（Interface 2010年7月号）　11ページ

SH7262に内蔵されているマルチファンクション・タイマ・パルス・ユニット2とPWMモジュールを利用してPWM信号を生成する方法について説明しています．

PWM波形によるLEDの調光やサウンド発生の実験を紹介しています（**写真2**）．

写真2　拡張ボードを利用してスピーカから音を鳴らす

開発ツールHEWの使い方と サンプル・プログラムの作り方

（Interface 2010年6月号）　12ページ

SH7262の開発環境の立ち上げ方法を解説しています．

SuperHファミリ用C/C++コンパイラパッケージ（以下SHCコンパイラパッケージ）には，ルネサス統合開発環境HEW（High-performance Embedded Workshop），ツール・チェーン，シミュレータなどが同梱されており，ビルドからシミュレータ・デバッグまでを行えます．

本記事ではSHCコンパイラ・パッケージを利用して，HEW上でのプロジェクトの新規作成から，付属基板のLEDを点滅させるプログラムを構築するところまでを説明します．最後に，簡易デバッガ「シリアル接続HEWモニタ」を用いてSH-2A基板の動作確認を行っています．

安価なJTAGデバッガで 付属SH-2A基板をデバッグしよう

（Interface 2010年6月号）　3ページ

SH-2A基板に接続できる，安価なJTAGアダプタ「HJ-LINK/USB」を紹介しています（**写真3**）．デバイスに内蔵されたデバッグ機能を活用するJTAGデバッガであり，Cソース・レベル・デバッグも行えます．

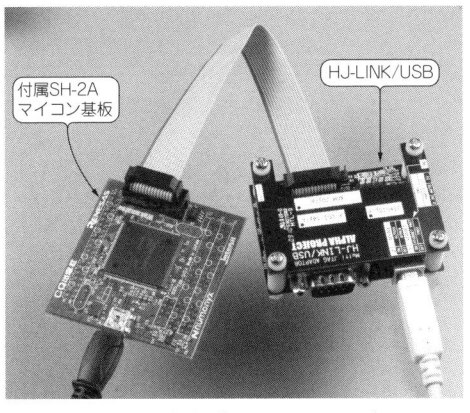

写真3　JTAGアダプタ「HJ-LINK/USB」とSH-2A搭載付属基板との接続

KPIT Cummins GCCの インストールと使い方

（Interface 2010年7月号）　7ページ

統合化開発環境HEWからコントロールできるフリーのコンパイラ環境「KPIT Cummins GCC」のインストール方法と使い方を解説しています．

SH-2A基板のLED点滅プログラムを作成しています．

付属SH-2Aマイコン基板で リアルタイムOSを動かす

（Interface 2010年8月号）　8ページ

μITRON4.0仕様の軽量リアルタイムOS「μC3/Compact」をSH-2A基板に移植し，その上での簡単なアプリケーションの作成方法を解説しています．「μC3/Compact」は共有スタックに対応しておりメモリ消費を減らす工夫がなされています．

Interface 2010年6月号付属SH-2A基板の製作事例

SH-2A マイコン基板用SD/MMCカード対応ローダの製作

(Interface 2010年9月号)　7ページ

SH-2A(SH7262)のプログラムをSDカードやMMCカードからブートする方法を解説しています．カード上にはFATファイルとしてアプリケーションをセーブしておきます．FATファイルのアクセスにはオープン・ソースのFatFsライブラリを使っています．

CPU内蔵USBホスト・コントローラ制御の基本

(Interface 2010年7月号)　12ページ

SH7262には480Mbpsに対応したUSBコントローラが内蔵されています．USBホスト機能が使えると，パソコン用に市販されているさまざまなUSB周辺機器が使え，拡張性が飛躍的に高まります．本記事ではUSBホストとしての制御方法の基本について解説しています．

光ディジタル・オーディオ・インターフェースを実装

(Interface 2010年6月号/7月号)　3ページ　3ページ

SH7262にはSPDIFというディジタル・オーディオ信号の伝送規格に準拠したインターフェース・モジュールが内蔵されています．

ハードウェア編では，SH7262基板の外部に簡単な回路を追加して光ディジタル・オーディオ回路を設計しています（**写真4**）．

ソフトウェア編では，SH7262のSPDIFコントローラの機能と設定方法を説明して，オーディオ再生プログラムを紹介しています．

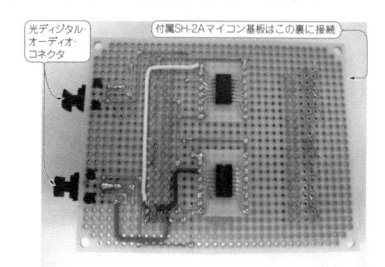

写真4　光ディジタル・オーディオ基板

簡易MP3プレーヤを作ろう！

(Interface 2010年8月号)　13ページ

SH-2Aを使ったMP3プレーヤを実際に製作する記事です（**写真5**）．MP3のデコードにはオープン・ソースのソフトウェア・ライブラリMAD (MPEG Audio Decoder)を使用し，オーディオ出力波形はPWMで生成しています．

スタックやリング・バッファの考え方も解説しています．

写真5　SH-2A基板を使ったMP3プレーヤ

SH-2Aマイコンによる本格的MP3プレーヤの製作

(Interface 2010年11月号/12月号)　**前編11ページ**　**後編9ページ**

　SH-2Aマイコン基板に対応した各種拡張ボードが発売されており，これらの拡張ボードに搭載されているストレージ機能とオーディオ機能を活用すると，本格的なMP3プレーヤを実現できます．

　前編では，それらの拡張ボードを使用したMP3プレーヤの製作事例と，SH-2Aに内蔵されているディジタル・オーディオ機能について解説しています．

　後編は，SH-2Aマイコン基板と各種拡張ボードを使ったMP3プレーヤの仕上げ編です．SH-2AのDMA転送機能，FatFsによるファイル・システム，MP3デコーダ・ライブラリlibmadの詳細をそれぞれ解説した後，MP3プレーヤとしての機能実装について紹介しています（**写真6**）．

写真6　本格的MP3プレーヤ

CPU内蔵LCDコントローラを使った液晶表示制御事例

(Interface 2010年6月号)　**11ページ**

　SH7262には，グラフィックス表示機能としてビデオ・ディスプレイ・コントローラが搭載されています．本記事では，実際にTFT-LCDパネルを接続して表示機能を動作させています（**写真7**）．アルファ・ブレンド機能などの重ね合わせの機能も試行しています．

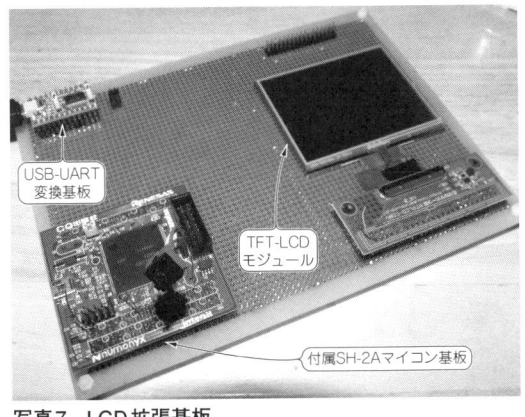

写真7　LCD拡張基板

グラフィックス＆フォント描画の基本

(Interface 2010年7月号)　**13ページ**

　SH7262内蔵ビデオ・コントローラ用の，点・直線・円・矩形・ASCIIフォントなどのグラフィックス描画ライブラリを構築しています（**写真8**）．

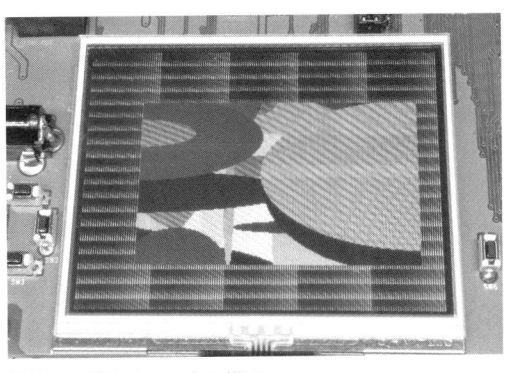

写真8　グラフィックス描画

SH7262の アナログRGB出力実験

（Interface 2010年7月号）　**4ページ**

　SH7262内蔵ビデオ・コントローラは，画面サイズがVGAまで対応し，ビデオ・クロック周波数の変更が可能なので，LCDパネルだけでなくアナログRGBモニタも接続できます．本記事では，外部にビデオ用D-A変換器を置いて，アナログRGBインターフェースを製作しています（**写真9**）．

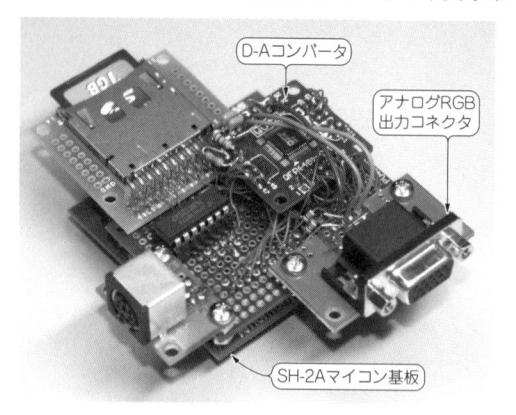

写真9　アナログRGB出力基板

タッチ・パネル制御の基本と応用

（Interface 2010年7月号）　**7ページ**

　4線式抵抗膜型タッチパネルの原理解説と，SH7262のGPIOとA-D変換器を使ったタッチ検知プログラムの具体例を紹介しています．

SH-2Aマイコン基板対応 LCD拡張ボードいよいよ登場

（Interface 2010年8月号）　**3ページ**

　SH-2A基板用のLCD拡張ボードの紹介です．タッチパネル付き3.5インチQVGAサイズのTFTカラーLCDパネルを搭載しています．

SH-2Aマイコン基板対応 拡張ボード活用通信

（Interface 2010年10月号）　**2ページ**

　SH-2Aマイコン基板対応LCD拡張ボードとして，北斗電子製のものと若松通商製の2種類が用意されていました．

　基本機能は共通のものが多いですが，細部に異なる点があり，制御プログラムはその違いを考慮して作成する必要があります．本記事では，その具体的な内容を紹介しています．

SH-2A基板で簡易ディジタル・フォト・フレームを作ろう！

（Interface 2010年12月号）　**7ページ**

　SH-2A基板と拡張基板を使ったディジタル・フォト・フレームの製作事例です（**写真10**）．

　SDカード上のJPEGファイルの読み込みのためFatFsライブラリを使用しています．JPEG画像のデコーダは組み込み向けCODECミドルウェア「IMPress」を使っています．

写真10　ディジタル・フォト・フレーム

ライン・トレース・カーの製作

(Interface 2010年11月号/12月号)

7ページ **11ページ**

OS移植編では，リアルタイムOSのTOPPERS/ASPの移植作業を解説しています．

トレース・カー製作編では，SH-2A基板を使ったライン・トレース・カーの具体的なハードウェアとソフトウェアについて解説しています．ハードウェアとしては，光センサやモータ制御などの組み込み基本技術が詰まっています．ソフトウェアは移植したTOPPERS/ASP上で動作させています．走行状態がLCDパネルに表示されるようになっています（**写真11**）．

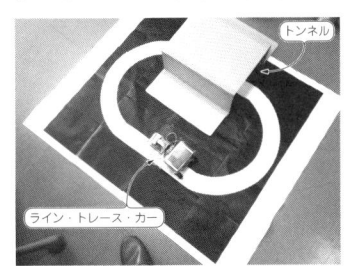

写真11 ライン・トレース・カー

メモリ・カードとFATファイル・システムの実装

(Interface 2010年7月号)

10ページ

SH7262に内蔵されたSPI通信インターフェースを使って，SDカードやMMCカードをアクセスする方法を解説しています（**写真12**）．

FATファイル・アクセスにはオープン・ソースのFatFsライブラリを使っています．

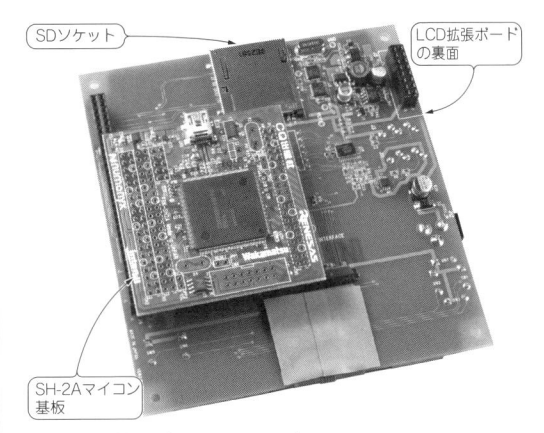

写真12 拡張ボードのSDソケット

SH-2Aの外部バスの活用とNE2000互換LANコントローラの接続事例

(Interface 2010年10月号)

10ページ

SH-2A(SH7262)の外部バス仕様について解説した後，その外部バスにLANコントローラを接続する製作事例を紹介しています（**写真13**）．

使用したLANコントローラは10Base-T/100Base-TXに対応し，その制御レジスタやデータ転送方式はパソコンがISAバスの時代に使われていたネットワーク拡張ボードNE2000と互換になっています．

写真13 LANコントローラの接続

SH-2Aマイコン＋SPI接続LANモジュールでお手軽ネットワーク接続

(Interface 2010年12月号)

11ページ

SH-2AのLCD拡張ボードには，SPI接続型のLANモジュールを実装できる拡張機能があります（**写真14**）．このモジュールにはLANコントローラとしてW5100(Wiznet社)が実装されています．

本記事ではSH-2AマイコンのSPIインターフェースを使ってLANモジュールを接続し，手軽にネットワーク接続を実現する事例を解説しています．

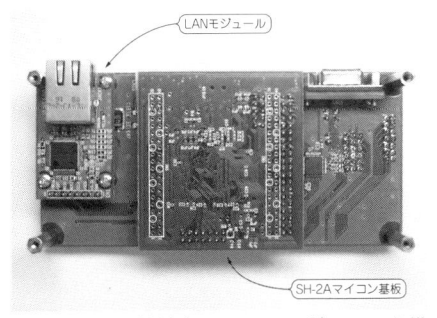

写真14 SPI接続専用のLANモジュールを搭載するインターフェース・ボード

第8章 SH-3ファミリ

OS対応のプロセッサとその応用

圓山 宗智

　SH-3シリーズは，SHマイコンの中のプロセッサ向けのデバイスです．SH-1，SH-2，SH-2AシリーズにはないMMU（Memory Management Unit）を搭載し，保護機能や仮想記憶機能を持つLinuxなどのOSに対応できます．

　SH-3関連の記事としては，やはりLinuxの移植関係が多くありました．Linux向けのボードの紹介や，移植上の注意点，割り込みレイテンシの改善など，Linuxシステム開発上のヒントになる情報が多くあります．

　ハードウェア面では，コネクティビティ関連のUSBやIEEE 1394と，グラフィックス表示関係の記事などがありました．

　本書付属CD-ROMにPDFで収録されているSH-3関連記事の一覧を**表1**に示します．

表1　SH-3関連記事の一覧（複数に分類される記事は，ほかの章で概要を紹介している場合がある）

記事タイトル	掲載号	ページ数	PDFファイル名
SH-3Linuxボード・コンピュータSH-2000	トランジスタ技術2001年6月号	5	2001_06_255.pdf
Linuxワンボード・マイコンのハードウェア	トランジスタ技術2002年8月号	13	2002_08_149.pdf
TIrobo01-CQの全回路図	トランジスタ技術2006年9月号	21	2006_09_106.pdf
ロボット・システムTIrobo01-CQのハードウェア	トランジスタ技術2006年9月号	7	2006_09_127.pdf
ITRON上で動作する汎用IEEE 1394ドライバの開発事例（前編）	Interface 2001年4月号	12	if_2001_04_196.pdf
ITRON上で動作する汎用IEEE 1394ドライバの開発事例（後編）	Interface 2001年5月号	12	if_2001_05_176.pdf
Linuxを前提に設計されたSH-3ボードCAT68701	Interface 2001年6月号	8	if_2001_06_115.pdf
PEGによるGUIアプリケーション開発	Interface 2002年4月号	9	if_2002_04_052.pdf
SHマイコンボードにLinuxを移植した際の問題点の考察	Interface 2002年10月号	7	if_2002_10_143.pdf
Hyper ITRONとμITRON4.0/PX仕様の解説	Interface 2003年2月号	8	if_2003_02_122.pdf
USBホストコントローラの概要とプロトコルスタックの移植	Interface 2003年4月号	15	if_2003_04_082.pdf
T-Engine開発キットとTeacube	Interface 2004年8月号	8	if_2004_08_076.pdf
LinuxのMTD（Memory Technology Device）機能を使う	Interface 2004年9月号	8	if_2004_09_129.pdf
SH-Linuxの割り込みレイテンシを改善	Interface 2004年11月号	7	if_2004_11_153.pdf
ipl+gを例にIPLのしくみと働きを見る	Interface 2005年11月号	8	if_2005_11_068.pdf
これがTIrobo01-CQだ！	Interface 2006年10月号	2	if_2006_10_052.pdf
まずは仕様出しから始めよう	Interface 2006年10月号	6	if_2006_10_054.pdf
ロボットの"足"となる台車のしくみ	Interface 2006年10月号	4	if_2006_10_060.pdf
物をつかんで離すアーム部のアーキテクチャ	Interface 2006年10月号	8	if_2006_10_064.pdf
統括制御モジュールのハード＆ソフト構成	Interface 2006年10月号	6	if_2006_10_072.pdf
ソフトウェア開発環境の構築＆使用方法	Interface 2006年10月号	6	if_2006_10_078.pdf
SH-3/4による最小構成Linuxシステムの構築事例	Interface 2007年9月号	12	if_2007_09_046.pdf
ITRON仕様におけるデバイス・ドライバ構想	Interface 2008年3月号	8	if_2008_03_088.pdf
RISCとDRAMを封止したMCMの開発	Design Wave Magazine 2001年8月号	6	dwm004501101.pdf
メモリ管理のしくみとプロセッサへの実装	Design Wave Magazine 2002年9月号	20	dwm005800821.pdf

Linux/OS 関連

SHマイコンボードにLinuxを移植した際の問題点の考察

(Interface 2002年10月号)　**7ページ**

SH-3(SH7708R)ボードにLinuxを移植する際の基礎知識と留意点を解説しています．

SH-3Linuxボード・コンピュータ SH-2000

(トランジスタ技術 2001年6月号)　**5ページ**

SH-3(SH7709A)を搭載したボード(**写真1**)の概要と，SH用Linuxの開発プロジェクト「GNU/Linux on SuperH Project」の状況を説明しています．

Linux上でのプログラム開発方法やディストリビューションなどについても解説しています．

写真1　Linuxが動作するボード・コンピュータ

Linuxを前提に設計されたSH-3ボード CAT68701

(Interface 2001年6月号)　**8ページ**

Linuxが動作する組み込み用のSuperH ボード(**写真2**)の紹介です．

ブートローダ(EPROM)からカーネル本体，デバイス・ドライバ，シェル，ライブラリ，サーバ・プログラムまですべてオープン・ソース・ソフトウェアとして公開されました．

写真2　Linux移植用SH-3ボード

LinuxのMTD(Memory Technology Device)機能を使う

(Interface 2004年9月号)　8ページ

　LinuxのMTD(Memory Technology Device)とは，CPUに直結してメモリ・マップの中に存在する各種のメモリを，Linux上から『デバイス』として扱うためのソフトウェア・レイヤです．MTDを活用することにより，CPUメモリ・マップ上のフラッシュ・メモリやSRAMといったメモリ・チップ上にファイル・システムを構築したり，従来のマイコンと同じようにSRAM上にワーク・エリアを持たせたりする使い方が可能になります．

　SH-3(SH7709S)搭載のLinuxボード上でMTDを実際に活用する事例を紹介しています(**写真3**)．

写真3
組み込みLinux対応ボード

SH-Linuxの割り込みレイテンシを改善

(Interface 2004年11月号)　7ページ

　SH-Linuxカーネルの割り込みレイテンシを比較的簡単な考え方で改善する方法について紹介しています．

ipl＋gを例にIPLのしくみと働きを見る

(Interface 2005年11月号)　8ページ

　SH-Linux用のIPL(Initial Program Loader)プログラムであるipl＋gを題材に，実際のIPLプログラムのソース・コードを解説しています．

ITRON仕様におけるデバイス・ドライバ構想

(Interface 2008年3月号)　8ページ

　組み込み向けOSであるITRONでは，メモリ容量の制限やリアルタイム性への要求から，デバイス・アクセス部をアプリケーション・プログラム内に記述することが多いですが，最近ではITRONにおいてもデバイス・ドライバの枠組みを導入し，移植性や再利用性を高めています．本記事では，ITRON仕様におけるデバイス・ドライバ構想について，実際のプログラムを示しながら解説しています．

通信/外部インターフェース

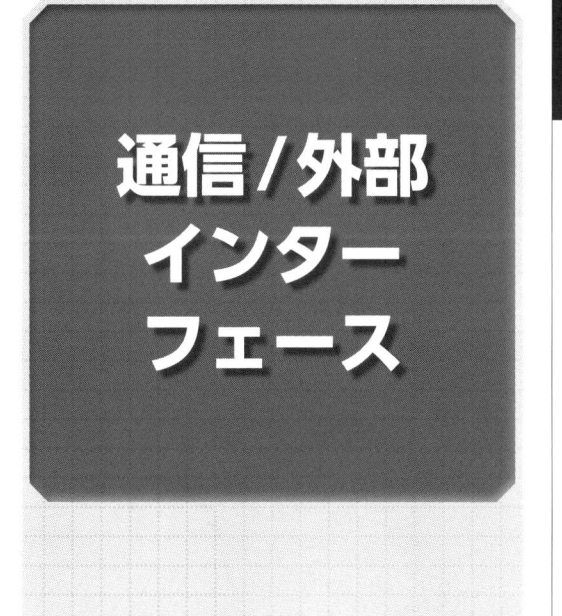

USBホストコントローラの概要とプロトコルスタックの移植

(Interface 2003年4月号) **15ページ**

OHCIに準拠したUSBホスト・コントローラを内蔵したSH7727(SH3-DSP)を使い，市販されているUSBホストのプロトコル・スタックを移植した事例を解説しています(写真4)．

写真4　SH7727搭載SolutionEngine(MS7727SE01)

ITRON上で動作する汎用IEEE 1394ドライバの開発事例

(Interface 2001年4月号/5月号)
前編12ページ **後編12ページ**

ITRON上で動作する組み込み機器/産業用途向けのIEEE 1394インターフェースドライバの開発事例を解説しています．ターゲットCPUは，SH-3(SH7709A)です(写真5)．

写真5　ターゲット・ハードウェア(SH-3搭載CPUボード)

PEGによるGUIアプリケーション開発

(Interface 2002年4月号) **9ページ**

組み込み用描画ライブラリ「PEG」の紹介と，SH-3(SH7709A)を搭載した実機への移植事例です(図1)．

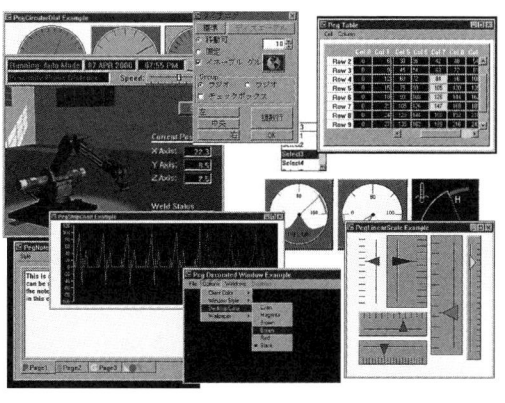

図1　PEGの画面部品の一部

第9章 SH-4ファミリ

スーパスカラ・プロセッサの詳細とその応用

圓山 宗智

　SH-4シリーズは，スーパスカラ・アーキテクチャのCPUとMMUを備えた高性能プロセッサです．動作周波数が高く，かつLinuxなどの高機能OSを扱えるので，大規模ソフトウェアを備えたシステム構築に幅広く活用されています．

　SH-4関連では，スーパスカラ・アーキテクチャの解説とデバイス周辺回路の設計の記事があります．ソフトウェア関連では，LinuxなどのOS移植関係と，C言語とGCC開発環境について解説しています．その他，USBやPCIバスの実装事例の記事があります．

　CQ出版の「CQ RISC評価キット/SH-4」(**写真1**)をベースにした記事も多くありました．ハードウェア関係，開発環境，OS，MMCカード制御，グラフィック，USB制御などの記事です．

　SH-4を使ったオリジナル・パソコン(**写真2**)のハードウェアを設計する企画がありました．パソコンとして必要な，ローカル・バス，メイン・メモリ，PCIバス，グラフィック，キーボード/マウス，オーディオ関係のハードウェアを一式備えているものです．マイコン周辺の回路設計の考え方について多くのヒントを得られる記事でしょう．

　本書付属CD-ROMにPDFで収録されているSH-4関連記事の一覧を**表1**に示します．

写真1　メイン・ボードとCPUボード

写真2　オリジナル仕様コンピュータ・システム

表1　SH-4関連記事の一覧(複数に分類される記事は，ほかの章で概要を紹介している場合がある)

記事タイトル	掲載号	ページ数	PDFファイル名
Linuxワンボード・マイコンのハードウェア	トランジスタ技術2002年8月号	13	2002_08_149.pdf
応用システム構築事例編	Interface 2001年2月号	8	if_2001_02_196.pdf
SH-4マイコンボードへのLinuxのボードポーティング	Interface 2001年6月号	16	if_2001_06_097.pdf
SH7751 CPUボード＋ATXマザーボードのハードウェア構成	Interface 2001年6月号	2	if_2001_06_113.pdf
PCIコントローラ内蔵SH-4＆SH-4用PCIブリッジの使い方	Interface 2001年6月号	10	if_2001_06_183.pdf
VxWorksの概要と開発環境Tornadoの実際	Interface 2001年12月号	10	if_2001_12_093.pdf
移植性を考慮した組み込みCプログラミング	Interface 2002年3月号	16	if_2002_03_085.pdf
mmEyeと電源即断環境に対応したファイルシステム	Interface 2002年8月号	10	if_2002_08_101.pdf
これがオリジナル仕様コンピュータシステムだ！	Interface 2003年1月号	7	if_2003_01_040.pdf
SH-4ローカルバスコントローラの設計/製作	Interface 2003年1月号	13	if_2003_01_047.pdf
SDRAMコントローラの設計/製作	Interface 2003年1月号	13	if_2003_01_060.pdf
PCIホストコントローラの設計/製作	Interface 2003年1月号	16	if_2003_01_073.pdf
グラフィックスボードの設計/製作	Interface 2003年1月号	10	if_2003_01_089.pdf
PS/2キーボード＆マウスインターフェースの設計/製作	Interface 2003年1月号	14	if_2003_01_099.pdf
ATAインターフェースの設計/製作	Interface 2003年1月号	13	if_2003_01_113.pdf
今後の展開と基板入手方法	Interface 2003年1月号	1	if_2003_01_126.pdf
続・C言語をコンパイルする際に指定するオプション	Interface 2003年1月号	13	if_2003_01_127.pdf
Hyper ITRONとμITRON4.0/PX仕様の解説	Interface 2003年2月号	8	if_2003_02_122.pdf
ディジタルオーディオボードの設計/製作	Interface 2003年2月号	10	if_2003_02_147.pdf
GDB＋DDDによるGUIデバッグ環境の構築	Interface 2003年3月号	5	if_2003_03_120.pdf
PCIデバイス対応デバイスドライバの作成法	Interface 2003年3月号	8	if_2003_03_126.pdf
Microwindowsを使った組み込み向けGUIプログラム作成事例(基礎編)	Interface 2003年5月号	7	if_2003_05_152.pdf
Microwindowsを使った組み込み向けGUIプログラム作成事例(応用編)	Interface 2003年6月号	11	if_2003_06_165.pdf
作りながら学ぶコンピュータシステム技術	Interface 2003年8月号	9	if_2003_08_086.pdf
SH-4 Linuxの割り込み処理とPCIの割り込み共有について	Interface 2003年8月号	2	if_2003_08_160.pdf
スーパースカラの実際	Interface 2003年10月号	22	if_2003_10_081.pdf
PCIバスツリー構造とPCI BIOSの動作	Interface 2004年1月号	15	if_2004_01_094.pdf
組み込み機器におけるPCIバスの実装方法	Interface 2004年1月号	4	if_2004_01_109.pdf
Linux上から各種USB機器を使う	Interface 2004年3月号	6	if_2004_03_162.pdf
T-Engine開発キットとTeacube	Interface 2004年8月号	8	if_2004_08_076.pdf
Insightの使い方	Interface 2005年1月号	5	if_2005_01_091.pdf
電源/クロック/リセットとメモリ・バスの設計	Interface 2005年5月号	11	if_2005_05_072.pdf
RedBootのダウンロードからボードへの実装まで	Interface 2005年11月号	23	if_2005_11_076.pdf
PC/ATのLPTポート＆SH-4を使ったMMCカードの制御事例	Interface 2006年3月号	12	if_2006_03_064.pdf
Linux用OHCI USBホスト・ドライバの実装事例	Interface 2007年1月号	6	if_2007_01_130.pdf
BLANCAシステム・バスとIDE＆CompactFlashへのブリッジ	Interface 2007年3月号	8	if_2007_03_167.pdf
SH-3/4による最小構成Linuxシステムの構築事例	Interface 2007年9月号	12	if_2007_09_046.pdf
RISCとDRAMを封止したMCMの開発	Design Wave Magazine 2001年8月号	6	dwm004501101.pdf
高性能LSI向けオンボード電源回路集	Design Wave Magazine 2002年10月号	11	dwm005901051.pdf

SH-4入門

応用システム構築事例編

（Interface 2001年2月号）　　8ページ

　PC/AT互換機のPCIバス上にSH-4を接続するシステム事例を紹介しています（写真3）.

　独立したサブシステムとしてSH-4を動作させると同時に，PC/AT互換機が持っているハードウェア・リソースの大部分をSH-4から使うことが可能になります．

写真3　PC/AT互換機に実装したSH-4用PCIバス・ブリッジ基板

スーパスカラの実際

（Interface 2003年10月号）　　22ページ

　スーパスカラ・プロセッサの実装方式を解説しています．インオーダ方式の代表例の一つとしてSH-4を取り上げています（図1）.

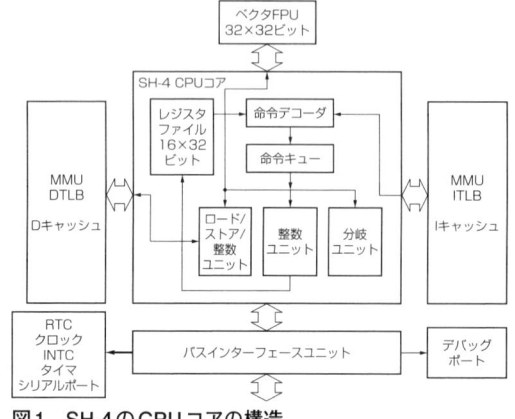

図1　SH-4のCPUコアの構造

PCIコントローラ内蔵SH-4 ＆ SH-4用PCIブリッジの使い方

（Interface 2001年6月号）　　10ページ

　SH-4（SH7751）を使用した場合のPCIバス・システムの構築例と，SH-4用PCIバス・ブリッジを使用した場合のPCIバスシステムの構築例について説明しています．

組み込み機器における PCIバスの実装方法

（Interface 2004年1月号）　　4ページ

　SH-4をはじめとする組み込み向けプロセッサのPCI空間のマッピングについて解説しています．

SH-4マイコンボードへのLinuxのボードポーティング

（Interface 2001年6月号）　**16ページ**

Linuxの開発プロジェクト「GNU/Linux on SuperH Project」の成果をベースに，SH-4ボード上にLinuxを移植しています．カーネルはコンパクト・フラッシュ(CF)に格納してブート・プログラムからロードさせています．

Insightの使い方

（Interface 2005年1月号）　**5ページ**

GNUデバッガGDBと，そのグラフィカル・ユーザ・インターフェース(GUI)の一つであるInsightについて解説しています．

ターゲットCPUボードとして，SH-4搭載PC/104ボードを使っています．

RedBootのダウンロードからボードへの実装まで

（Interface 2005年11月号）　**23ページ**

Windows XPがインストールされたパソコン上でSH-4搭載ターゲット・ボード用のRedBootを開発し，ターゲット・ボードに実装する方法を解説しています（写真4）．

写真4　VGAモニタへのグラフィックス表示

mmEyeと電源即断環境に対応したファイルシステム

（Interface 2002年8月号）　**10ページ**

SH-4に移植したNetBSD上で，ネットワーク・カメラを制御するシステム事例を紹介しています（写真5）．

組み込み機器へのNetBSDの相性の良さを説明するとともに，不用意な電源遮断操作をされても対応できるファイル・システムの考え方を解説しています．

写真5　ネットワーク・カメラ制御システム

VxWorksの概要と開発環境Tornadoの実際

（Interface 2001年12月号）　**10ページ**

組み込み向けOS VxWorksの概要と，VxWorks上のアプリケーション統合化開発環境Tornadeを解説しています．また，SH-4(SH7750)を搭載したターゲット環境での活用事例を紹介しています．

Linux用OHCI USBホスト・ドライバの実装事例

（Interface 2007年1月号）　**6ページ**

SH-4向けLinuxにおけるOHCI仕様USBホスト・ドライバの実装について解説しています．

LinuxはもともとOHCIをサポートしていますが，PCアーキテクチャとSH7760内蔵OHCIの機能的な差異をソフトウェアで吸収する必要があり，その具体策を説明しています．

続・C言語をコンパイルする際に指定するオプション

（Interface 2003年1月号） **13ページ**

　C言語をコンパイルする際に指定するオプションの説明をSH-4用gccをベースに解説しています．

　ハードウェア・モデルとコンフィグレーション・オプション，クロス・コンパイル環境，コード生成規約に対するオプション，実行に影響を与える環境変数，プログラムにプロトタイプを追加するprotoizeなどについて説明と検証を行っています．

移植性を考慮した組み込みCプログラミング

（Interface 2002年3月号） **16ページ**

　MS-DOS，Windows，SH-4それぞれの環境で動作するプログラムを作成し，int変数のサイズの違いやエンディアンの違い，ハードウェア・プラットホームの違いを吸収した移植製の高いプログラミングの方法について解説しています．

　PC/AT互換機のPCIバス上にSH-4を接続したプラットホームを使って，シンプルなフレームバッファPCIボードに向けて，MS-DOS，Windows，SH-4それぞれから文字を描画させています．

SH7751 CPUボード＋ATXマザーボードのハードウェア構成

（Interface 2001年6月号） **2ページ**

　組み込み機器評価用のプラットホームとして，SH-4（SH7751）CPUボードと，それに接続できるATX形状メイン・ボードの評価キットを紹介しています．

PCIデバイス対応デバイスドライバの作成法

（Interface 2003年3月号） **8ページ**

　CQ RISC評価キット/SH-4PCI with LinuxのPCI拡張スロットにPCI拡張ボードを実装してSH-4 Linuxから制御するためには，デバイス・ドライバが必要になります．

　本記事ではデバイス・ドライバとテスト・プログラムの作成方法を解説しています．

SH-4 Linuxの割り込み処理とPCIの割り込み共有について

（Interface 2003年8月号）　　2ページ

　CQ RISC評価キット/SH-4PCI with Linuxにおいて，当初はPCIスロット3の割り込みを取得できなかったのですが，オンボードのLANコントローラと共有させることで対応可能になることを説明しています．

PCIバスツリー構造とPCI BIOSの動作

（Interface 2004年1月号）　　15ページ

　PCIバスのツリー構造，PCI-PCIブリッジの動作，各デバイスのコンフィグレーション・レジスタについて説明した後，PCI BIOSに相当する初期化ルーチンやリソース割り当てアルゴリズムを説明しています．CQ RISC評価キットのPCIバスの留意点にも言及しています．

GDB + DDDによるGUIデバッグ環境の構築

（Interface 2003年3月号）　　5ページ

　CQ RISC評価キット/SH-4PCI with Linuxには，当該ボードですぐに動作できるデバッガが用意されていません．そのため本記事では，ターゲット・ボード上でgdbserverを動かし，PC/AT互換機のLinux上でGDB + DDDによるGUI対応のデバッグ環境を構築する事例を紹介しています．

Linux上から各種USB機器を使う

（Interface 2004年3月号）　　6ページ

　CQ RISC評価キット/SH-4PCI with LinuxのSH-4ボードには12Mbpsおよび1.5Mbpsに対応したUSBホスト・コントローラが搭載されています．Linuxドライバに修正を加えてLinux上からUSB機器を使えるように設定する方法を紹介しています．

Microwindowsを使った組み込み向けGUIプログラム作成事例

（Interface 2003年5月号/6月号）　　7ページ　11ページ

　CQ RISC評価キットのボードには，ハイレゾリューション対応のVGAコントローラが搭載されていますが，SH-4 CPUボードに実装されているローカル・メモリはあまり大きくありません．そこで基礎編では，少ないメモリでも動作するMicrowindowsを使って組み込み機器向けGUIプログラムを作成する事例を紹介しています．応用編では，CQ RISC評価キットに，ディップ・スイッチやLED点灯制御が可能なPCIボードを実装し（写真6），実用的な組み込み機器向けGUIプログラムの作成事例を紹介します．

写真6
テスト用DIOボード

PC/ATのLPTポート & SH-4を使ったMMCカードの制御事例

（Interface 2006年3月号）　　12ページ

　MMCカードは，SPIインターフェースの4本の信号線で制御できます．本記事ではまず，PC/AT互換機のLPTポートから直接SPI信号線を制御する事例を説明し，次に，SH-4の汎用パラレルI/Oポートからソフトウェア SPIにより制御する方法を説明しています（写真7）．

　最後にSH-4の内蔵シリアルのクロック同期通信機能を使って制御する方法を説明しています．MMCカードのSPI通信はMSBファーストですが，SH-4内蔵シリアルはLSBファーストなので，ビット順序をソフトウェアで入れ替えています．

写真7
SH-4ボードにMMCカードを接続

SH-4 オリジナル・パソコン開発

SDRAMコントローラの設計/製作

（Interface 2003年1月号） 13ページ

　ホストCPUのSH-4にはSDRAMコントローラも内蔵されていますが，本記事ではSDRAM制御方法を学習するという点と，PCIバス・マスタ対応システムを実現するという2点から，SDRAMコントローラを外付けで実現しています．

PCIホストコントローラの設計/製作

（Interface 2003年1月号） 16ページ

　本システムでは，各種I/Oインターフェースをすべて PCI バス上に配置するアーキテクチャを採用しています．
　本記事ではPCIバスの基本的な動作と，システムにPCIバスのホスト機能について解説し，PCIホスト・コントローラを設計/製作しています．

これがオリジナル仕様コンピュータシステムだ！

（Interface 2003年1月号） 7ページ

　飲み会の場で，SH-4（SH7750S/R）をベースにしたオリジナル・パソコンの仕様を決めていく様子です．

ATAインターフェースの設計/製作

（Interface 2003年1月号） 13ページ

　ストレージ・デバイスの接続のため，PIO転送対応のATAインターフェースをPCIバス上に設計/製作します．
　まずATAの仕様について簡単に解説し，PCIバス上にどのようにATAホスト・コントローラを実現するかを考察しています．そしてFPGAを搭載したPCI評価用ボードを使い，最も基本的な転送モードであるPIO転送に対応したATAホスト・コントローラを設計し，制御ソフトウェアを作成しています．

作りながら学ぶコンピュータシステム技術

（Interface 2003年8月号） 9ページ

　Interface 2003年1月号の特集「作りながら学ぶコンピュータシステム技術」の記事全体に関する用語をまとめて解説しています．

SH-4ローカルバスコントローラの設計/製作

(Interface 2003年1月号)　　13ページ

　SH-4のアーキテクチャや外部バスの動作を解説し，設計したプロセッサ・ボードのブロック図などを解説しています(**写真8**)．最後に，SH-4とFPGAを接続するローカル・バス・コントローラを設計/製作しています．

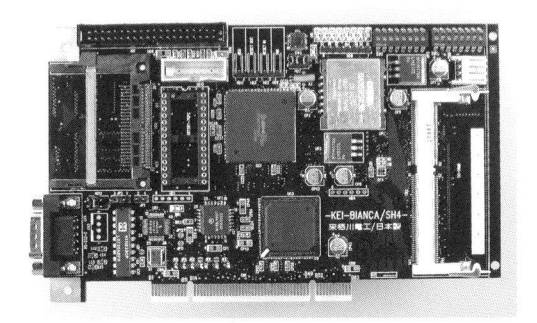

写真8　プロセッサ・ボード

グラフィックスボードの設計/製作

(Interface 2003年1月号)　　10ページ

　パソコンに必須な画面表示機能を設計しています(**写真9**)．まず，640×480ドットのVGAがどのようなタイミングで画面を表示しているかを解説します．そして，ビデオ・メモリの設計法から垂直同期/水平同期信号の作成，SDRAMのバースト転送を活用したピクセル・データの読み出し制御などについて解説します．さらに，ピクセル・レートとバスの帯域についても考察しています．

写真9　VGA/32ビット・フルカラー対応グラフィックス・ボード

PS/2キーボード&マウスインターフェースの設計/製作

(Interface 2003年1月号)　　14ページ

　コンピュータ・システムの入力デバイスとして，PS/2キーボードとPS/2マウスの通信プロトコルについて解説します．PS/2インターフェースはM16Cマイコンに処理させています．M16CとPCIバスの間にシステム・コントローラをFPGAで構成して，ホストのSH-4側からキーボードとマウスをアクセスしやすくしてあります(**写真10**)．

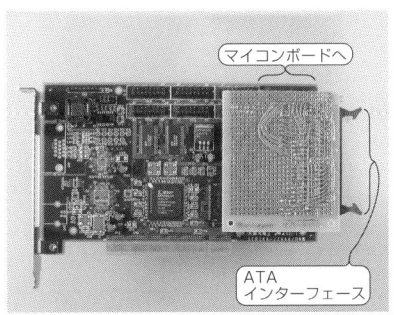

写真10　システム・コントローラPCIボード

ディジタルオーディオボードの設計/製作

(Interface 2003年2月号)　　10ページ

　オリジナル・パソコンの周辺ボードとして，光ディジタル・オーディオ入出力対応のディジタル・オーディオ・ボードを設計しています．AV機器に使われているディジタル・オーディオについて解説した後，ディジタル・オーディオ・データ転送のシステム負荷を検討し，FIFO内蔵の実用的なオーディオ・ボードを設計します(**写真11**)．最後に，WAVEファイル対応の録音/再生サンプル・プログラムを作成しています．

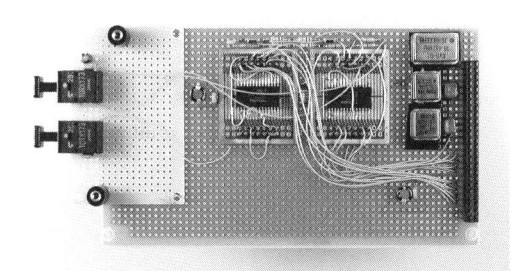

写真11　ディジタル・オーディオ・ボード

第10章 SH-4Aファミリ

マルチコア対応高性能スーパスカラ・プロセッサの詳細とその応用

圓山 宗智

　SH-4Aシリーズは，パイプライン段数を増やすことで動作周波数を向上させたスーパスカラ方式CPUと，マルチコア対応アーキテクチャを特徴とする超高性能プロセッサです．大規模システム構築に最適な多くのシステム機能と周辺機能を備えています．

　SH-4A関連の一般記事としては，マルチコア・アーキテクチャの基本解説，OS，ハードウェア設計などの基幹技術解説と，PCI Express，グラフィックス，画像認識などの応用技術の解説などがあります．

　CQ出版の組み込みシステム開発評価キット「BLANCA」は，さまざまなCPUカードを搭載できるプラットホームです．SH-4やSH-4Aを搭載したCPUカードが発売されており，その活用事例の記事が掲載されました．ユニバーサル・ボードを使ってSH-2を搭載する製作例もありました．

　本書付属CD-ROMにPDFで収録されているSH-4A関連記事の一覧を表1に示します．

表1 SH-4A関連記事の一覧（複数に分類される記事は，ほかの章で概要を紹介している場合がある）

記事タイトル	初出	ページ数	PDFファイル名
BLANCAシステム・バスとIDE＆CompactFlashへのブリッジ	Interface 2007年3月号	8	if_2007_03_167.pdf
マルチコア，マルチプロセッサのハードウェア	Interface 2007年11月号	13	if_2007_11_060.pdf
マルチプロセッサのためのアセンブリ命令	Interface 2007年11月号	8	if_2007_11_073.pdf
システム・アーキテクチャ"あれこれ"座談会	Interface 2008年4月号	6	if_2008_04_046.pdf
組み込みシステム開発評価キット対応オプションCPUカードについて	Interface 2008年4月号	2	if_2008_04_108.pdf
オプションCPUカードSH-4A（SH7780）の設計	Interface 2008年6月号	12	if_2008_06_159.pdf
ユニバーサル・カードを使ってSH-2＆V850を接続する	Interface 2008年12月号	12	if_2008_12_186.pdf
組み込み機器用グラフィックス表示の実現方法	Interface 2009年8月号	11	if_2009_08_072.pdf
SH-4A評価ボードにLinuxを移植する	Interface 2009年10月号	9	if_2009_10_095.pdf
SH7724搭載ボード上でAndroidを動作させる	Interface 2010年4月号	6	if_2010_04_074.pdf
PCI Expressコントローラ内蔵SH-4Aプロセッサの使い方	Interface 2010年4月号	14	if_2010_04_125.pdf
画像認識エンジンIMPと車載用プロセッサIMAPCAR	Interface 2010年12月号	5	if_2010_12_152.pdf
マイコンを利用して電源投入シーケンスを制御しよう	Design Wave Magazine 2009年1月号	12	dwm013400871.pdf

マルチコア，マルチプロセッサのハードウェア

（Interface 2007年11月号）　13ページ

　マルチプロセッサ・システムを構築する際に必要なハードウェア上の工夫を解説しています．

　バス構造，キャッシュ管理，プロセッサ間同期，マルチスレッド方式などについて説明しています．

　具体的なマルチコアの実装例として，ARM11 MPCoreとSH-4Aについて紹介しています．

マルチプロセッサのためのアセンブリ命令

（Interface 2007年11月号）　8ページ

　マルチプロセッサ・システムを構築する際に必要になる資源の排他制御を1命令で実現できるアセンブリ命令について解説しています．

マイコンを利用して電源投入シーケンスを制御しよう

（Design Wave Magazine 2009年1月号）　12ページ

　SH-MobileR2（SH7723）を搭載した評価ボードのリセット回路を例に，マイコンを利用して電源経路とリセット信号を制御する技術について解説しています．

　電源経路とリセット信号はH8/300H Tiny（H8/36014F）に制御させています．

SH7724搭載ボード上でAndroidを動作させる

（Interface 2010年4月号）　6ページ

　SH7724搭載ボードでAndroidを動作させる開発事例です（写真1）．Androidソース・コードへのパッチの適用方法とビルド方法について解説しています．

写真1　SH7724を搭載したソフトウェア開発用ボード

PCI Expressコントローラ内蔵SH-4Aプロセッサの使い方

（Interface 2010年4月号）　14ページ

　SH-4Aコアを2個と，PCI Expressコントローラを内蔵したSH7786について紹介し，PCI Expressの初期化やメモリ・アクセス手順などについて説明しています（写真2）．

写真2　SH7786評価ボード

組み込み機器用グラフィックス表示の実現方法

（Interface 2009年8月号）　**11ページ**

　SH-4AコアとLCD制御機能を搭載したSH7764を使ったLCD表示装置の実現方法を解説しています（図1）．

図1　グラフィックス画像を組み合わせた表示例（画面表示）

画像認識エンジンIMPと車載用プロセッサIMAPCAR

（Interface 2010年12月号）　**5ページ**

　SH-4A（SH7776）に搭載された画像認識エンジンIMPの解説とジェスチャ認識の例を紹介しています（図2）．

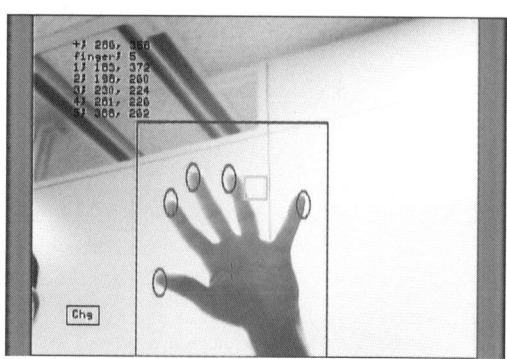

図2　ジェスチャ認識

BLANCAシステム・バスとIDE＆CompactFlashへのブリッジ

（Interface 2007年3月号）　**8ページ**

　組み込みシステム開発評価キット（BLANCA）のシステム・バスとSH-3/SH-4などの外部バスとのブリッジ方法を解説しています．

システム・アーキテクチャ"あれこれ"座談会

（Interface 2008年4月号）　**6ページ**

　組み込みシステム開発評価キット（BLANCA）の次期バージョンに向けた検討座談会の模様です．

オプションCPUカードSH-4A（SH7780）の設計

（Interface 2008年6月号）　**12ページ**

　組み込みシステム開発評価キット対応のSH-4A（SH7780）搭載版オプションCPUカードのハードウェアを解説しています．

組み込みシステム開発評価キット対応オプションCPUカードについて

（Interface 2008年4月号）　**2ページ**

　組み込みシステム開発評価キット対応のオプションCPUカード（SH-4A/SH7780，MIPS/VR4131，PowerPC/MPC5200）とオプションFPGAカード（Virtex-4，Cyclone II）について紹介しています．

SH-4A評価ボードにLinuxを移植する

（Interface 2009年10月号） 9ページ

　組み込みシステム開発評価キットにオプションCPU カード/SH-4A（SH7780）を搭載したシステムにLinuxを移植する事例を紹介しています（**写真3**）．

　CPU アーキテクチャや接続バスに依存しないデバイス・ドライバの書き方を解説し，その具体例としてBLANCA BIOS やネットワーク・ドライバについて作成や移植を行っています．

写真3　CPUカード/SH-4A（SH7780）

ユニバーサル・カードを使ってSH-2 & V850を接続する

（Interface 2008年12月号） 12ページ

　組み込みシステム開発評価キットに，専用ユニバーサル基板を通して，SH-2（SH7144F）やV850付属基板を接続する方法を解説しています（**写真4**）．

　マイコン側のバスは16ビットで，BLANCA側のバスは32ビットなので，BLANCAのFPGA内にブリッジ回路を追加してインターフェースを取っています．

写真4　専用ユニバーサル基板を通してSH-2付属基板を接続

第11章 OS活用

SHマイコン用Linuxおよび各種OSの基礎

圓山 宗智

　SH-3系やSH-4系では，Linuxをはじめとするさまざまな保護機能や仮想記憶機能を持つOSが移植されています．ここでは，こうしたOSにまつわる話題のうち，個別のCPUや製品に縛られない共通の内容を取り上げた記事を集めました．

　本書付属CD-ROMにPDFで収録されているSH用Linux/OS関連記事の一覧を表1に示します．

表1　SH用Linux/OS一般記事の一覧（複数に分類される記事は，ほかの章で概要を紹介している場合がある）

記事タイトル	掲載号	ページ数	PDFファイル名
Linuxワンボード・マイコンのハードウェア	トランジスタ技術2002年8月号	13	2002_08_149.pdf
Hyper ITRONとμITRON4.0/PX仕様の解説	Interface 2003年2月号	8	if_2003_02_122.pdf
T-Engine開発キットとTeacube	Interface 2004年8月号	8	if_2004_08_076.pdf
CE Linux Forumの設立と活動	Interface 2005年7月号	5	if_2005_07_130.pdf
SH-3/4による最小構成Linuxシステムの構築事例	Interface 2007年9月号	12	if_2007_09_046.pdf
メモリ管理のしくみとプロセッサへの実装	Design Wave Magazine 2002年9月号	20	dwm005800821.pdf

Linuxワンボード・マイコンのハードウェア

（トランジスタ技術 2002年8月号）　13ページ

　記事の中心は，MIPS系CPUコアを内蔵したVR4181を搭載したLinuxボードの解説です．この記事の中で，Linuxに必要とされるCPU要件を解説しており，SH-3やSH-4についての説明があります．

CE Linux Forumの設立と活動

（Interface 2005年7月号）　5ページ

　CE Linuxの全体概要と，半導体ベンダからの見方を述べています．

T-Engine開発キットとTeacube

（Interface 2004年8月号）　8ページ

　T-EngineボードとT-Kernel，そしてコンパイラなどの開発環境をセットにしたT-Engine開発キットについて解説しています（**写真2**）．SHシリーズでは，SH7727，SH7751R，SH7760を搭載したものが紹介されています．

　さらにT-Engineボードに実用的な周辺機能を追加したT-Engine Appliance評価キットへの発展を説明し，そのコンセプト機である超小型制御用コンピュータTeacubeを紹介しています．

写真2
T-Engine開発ベンチ（携帯用カバー）

SH-3/4による最小構成Linuxシステムの構築事例

（Interface 2007年9月号）　12ページ

　SH-3/4を搭載したCPUボードを例に，最小構成Linuxシステムの構築事例について解説しています（**写真1**）．

　CompactFlashカードに対して必要なファイル群をコピーして，作成したルート・ファイル・システムでLinuxシステムが実際に起動するかどうかを確認したのち，CPUカード上のフラッシュ・メモリに書き込んで，動作を確認するまでを解説しています．

写真1
SH-3搭載のターゲット・ボード

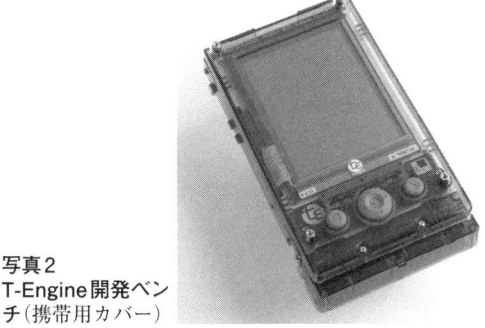

Hyper ITRONとμITRON4.0/PX仕様の解説

（Interface 2003年2月号）　8ページ

　保護機能を搭載する，μITRON3.0仕様に準拠した「Hyper ITRON」と，μITRON4.0/PXについても説明し，その比較を行っています．

　メモリ保護の対象になるメモリ領域をセクションに分離する考え方についてSH-3/SH-4を題材にして解説しています．

メモリ管理のしくみとプロセッサへの実装

（Design Wave Magazine 2002年9月号）　20ページ

　プロセッサのMMU（Memory Management Unit）の概説と，μITRON4.0仕様の保護機能拡張（μITRON4.0/PX仕様）に準拠したリアルタイム・カーネルIIMPをSH-3，Pentium，ARM940Tへ実装する具体例を説明しています．

- ●**本書記載の社名，製品名について** ── 本書に記載されている社名および製品名は，一般に開発メーカーの登録商標または商標です．なお，本文中では™，®，©の各表示を明記していません．
- ●**本書掲載記事の利用についてのご注意** ── 本書掲載記事は著作権法により保護され，また産業財産権が確立されている場合があります．したがって，記事として掲載された技術情報をもとに製品化をするには，著作権者および産業財産権者の許可が必要です．また，掲載された技術情報を利用することにより発生した損害などに関して，CQ出版社および著作権者ならびに産業財産権者は責任を負いかねますのでご了承ください．
- ●**本書付属のCD-ROMについてのご注意** ── 本書付属のCD-ROMに収録したプログラムやデータなどは著作権法により保護されています．したがって，特別の表記がない限り，本書付属のCD-ROMの貸与または改変，個人で使用する場合を除いて複写複製（コピー）はできません．また，本書付属のCD-ROMに収録したプログラムやデータなどを利用することにより発生した損害などに関して，CQ出版社および著作権者は責任を負いかねますのでご了承ください．
- ●**本書に関するご質問について** ── 文章，数式などの記述上の不明点についてのご質問は，必ず往復はがきか返信用封筒を同封した封書でお願いいたします．勝手ながら，電話でのお問い合わせには応じかねます．ご質問は著者に回送し直接回答していただきますので，多少時間がかかります．また，本書の記載範囲を越えるご質問には応じられませんので，ご了承ください．
- ●**本書の複製等について** ── 本書のコピー，スキャン，デジタル化等の無断複製は著作権法上での例外を除き禁じられています．本書を代行業者等の第三者に依頼してスキャンやデジタル化することは，たとえ個人や家庭内の利用でも認められておりません．

R〈日本複製権センター委託出版物〉
本書の全部または一部を無断で複写複製（コピー）することは，著作権法上での例外を除き，禁じられています．本書からの複製を希望される場合は，日本複製権センター（TEL：03-3401-2382）にご連絡ください．

CD-ROM付き

本書に付属のCD-ROMは，図書館およびそれに準ずる施設において，館外へ貸し出すことはできません．

SHマイコン活用記事全集 [1700頁収録CD-ROM付き]

編　集	トランジスタ技術編集部	2014年3月1日　初版発行
発行人	寺前 裕司	©CQ出版株式会社 2014
発行所	CQ出版株式会社	（無断転載を禁じます）
	〒170-8461　東京都豊島区巣鴨1-14-2	
電　話	編集 03-5395-2123	定価は裏表紙に表示してあります
	販売 03-5395-2141	乱丁，落丁本はお取り替えします
振　替	00100-7-10665	編集担当者　西野 直樹
		DTP・印刷・製本　三晃印刷株式会社
		表紙・扉・目次デザイン　近藤企画　近藤 久博
ISBN978-4-7898-4568-7		Printed in Japan